U0255192

本书获得国家自然科学基金（编号：42001189、41471141）项目资助

大城市
空间发展的安全性研究：
以沈阳市为例

冯兴华 ◎ 著

RESEARCH ON THE SAFETY OF SPATIAL
DEVELOPMENT IN BIG CITIES
—— A CASE STUDY OF SHENYANG CITY

经济管理出版社
ECONOMY & MANAGEMENT PUBLISHING HOUSE

图书在版编目（CIP）数据

大城市空间发展的安全性研究/冯兴华著．—北京：经济管理出版社，2021.2
ISBN 978 - 7 - 5096 - 7776 - 6

Ⅰ.①大…　Ⅱ.①冯…　Ⅲ.①城市空间—安全性—研究—中国　Ⅳ.①TU984.2

中国版本图书馆 CIP 数据核字（2021）第 031226 号

组稿编辑：张馨予
责任编辑：杜　菲
责任印制：黄章平
责任校对：王淑卿

出版发行：经济管理出版社
　　　　　（北京市海淀区北蜂窝 8 号中雅大厦 A 座 11 层　100038）
网　　址：www. E - mp. com. cn
电　　话：（010）51915602
印　　刷：北京晨旭印刷厂
经　　销：新华书店
开　　本：720mm×1000mm/16
印　　张：17.5
字　　数：288 千字
版　　次：2021 年 2 月第 1 版　　2021 年 2 月第 1 次印刷
书　　号：ISBN 978 - 7 - 5096 - 7776 - 6
定　　价：88.00 元

前　言

中国的大规模、快速城市化进程是全球公认的具有广泛经济、社会和环境影响的过程，这一过程中大城市发挥的主导作用毋庸置疑。同时，中国城镇化推进也出现重速度、轻质量，城市空间低效开发，大城市无序蔓延等发展问题。快速城市化时期，蔓延式拓展已成为我国大城市生长的主要模式，这一发展模式在面对外部的急性冲击（如地震、洪涝等自然灾害）及内部的累积压力（如大气、水等城市污染）时，大城市敏感性与脆弱性急剧提升、可持续发展遭遇瓶颈，大城市安全发展环境的构建成为城市亟待解决的现实问题。

城市是现代经济和社会活动最集中、最活跃的区域，也是现代社会人们生产和生活的重要场所。城市安全是城市居民生命、财产安全的基础，更是保障城市进行各类社会活动与生产活动的基本条件。随着社会经济的高速发展，城市人口、产业、基础设施等要素资源在得到快速积累的同时，人们对城市安全的需求也日益增强，"安全第一"的理念成为社会的普遍共识，建设城市安全发展模板也已上升为国家顶层设计。就其属性来看，安全发展是科学发展观的题中之义，更是可持续发展、以人为本的重要内容，如果安全发展这一目标模式得以实现，就意味着这一发展方式同时也会成为影响环境变化的人类活动的基本特征，对进一步深化人与环境关系这一科学问题赋予新的内涵与意义。

大城市的安全发展环境问题已在防灾学、公共安全管理、城市规划、生态等学科中得到一定重视，但此类研究多聚焦短期工程韧性视角，具有操作简易、针对性强等特征。在地理学中，安全发展环境应是特定功能方向下的环境，是自然要素和人工要素交互作用的环境，演化过程具有高度的综合性、复杂性和因子的不确定性，地理学中的空间分析手段及综合研究特长对于揭示动态复杂过程能够发挥独特作用；地理学者对大城市安全发展环境问题的研究更关注其内部要素运动的交互作用和安全环境构建的前瞻性，从更深层次挖掘安全问题的形成过程及内部机理，进而实现城市安全发展环境的优化调整。为此，本书在遵循"格局—过程—机理—调控"研究范式的基础上，以东北地区中心城市沈阳市为典型案例区，基于景观生态学视角综合运用数理统计分析、空间分析、景观指数分析、模型修正与构建等方法刻画城市空间发展过程，评估动态变化中的城市安全性状况，揭示城市要素运动影响安全性的内在机理，初步构建安全导向下的多中心大城市最优景观模型，并从人口格局及生产生活方式优化、开放空间布局、安全廊道构建、生态基底保育、规划管理落实等方面对案例城市安全环境的构建提出相应的适应性治理策略。

　　本书立足于城市社会发展中的实际问题，以科学性、综合性、系统性及实用性为宗旨，以人地关系、景观生态等理论为基础介绍了景观生态学、地理学在城市安全发展研究中的独特视角与作用，体现了地理学学科的核心价值。本书成果得到国家自然科学基金项目（编号：41471141）的部分数据和方法的支持，是国家自然科学基金（编号：42001189）的阶段性成果之一。本书在撰写过程中得到了东北大学修春亮教授的悉心指导，江西师范大学钟业喜教授、东北师范大学杨青山教授和刘继生教授、吉林建筑大学白立敏老师、临沂大学梅大伟老师、江西科技学院李峥荣老师等对本书提出了宝贵的修改建议，也得到了东北师范大学马丽亚博士、樊宪磊博士、杨志鹏博士、李建杰硕士、阎宏波硕士，江西师范大学马宏智博士、肖泽平硕士等的大力支持，在此一并表示衷心感谢。

　　作为一个相对全面、系统的尝试性研究，由于笔者水平有限，本书的不足与疏漏之处在所难免，敬请广大读者批评指正。

目　录

第一章
绪　论

一、研究背景与问题提出

（一）研究背景

1. 蔓延式拓展成为我国大城市生长的主要模式

联合国开发计划署及中国社会科学院在 2013 年共同发布了中国人类发展报告《可持续与宜居城市——迈向生态文明》，报告中提到：中国正在以史无前例的规模推进城镇化进程，仅用 60 年时间便将城镇化率从 10% 提高到了 50%，达到全球平均水平。在欧洲这一转变用了 150 年，在拉丁美洲和加勒比地区则用了 210 年，中国的城镇化进程因其速度和规模而引人注目，在这一过程中大城市发挥的主导作用是毋庸置疑的。但报告也指出，中国城镇化推进重速度、轻质量，城镇"千城一面"，城镇体系不尽合理，城市空间低效开发，大城市无序蔓延等问题日益突出。

中国科学院院士陆大道指出，我国正处在城市化快速发展时期，大城市边缘地区土地开发失控、建设用地盲目蔓延情况严重，形成了大分散和蔓延式的扩张格局，城镇化空间失控现象极为严重。我国城市化虽取得了举世瞩目的成果，但作为主导力量的大城市发展则面临着同一发展问题：城市发展通过体量的无限膨胀和扩大来进行生长而不是城市的有机生长，蔓延式拓展、摊大饼状扩张成为我国大城市乃至中小城市发展的主要生长模式。

城市的蔓延式拓展作为一种低密度、非连续性的开发模式，在景观和环境变化上的重要表现就是城市功能高度密集和拥挤，不断蚕食农田、草地、森林等生态空间，城市基础建设打破了原有的生态系统平衡性，削弱了区域生态服务功能，城市环境不断恶化，区域人地矛盾进一步激化。城市体量的过度膨胀还导致了各种城市病的出现，如城市污染、交通拥堵、社会稳定性差、公共服务不足等问题。单一功能的扩张在城市空间结构、功能上滋生了各种混乱，导致了中心和周边地区之间的严重失衡（克里尔，2011）。学术界关于城市集中与分散方面虽未形成一致观点，但从现实发展状况来看，无论是大城市过度集中还是城区无序分散拓展，都对城市安全发展或区域环境变化产生了诸多不利影响，探讨大城市发展和环境变化之间的关系和矛盾，尤其是大城市空间拓展与人居环境变化的相互作用机理，是深化人类活动与环境关系这一地理学基本问题研究的重要途径。

2. 城市安全体系建设已成为国家城市化发展进程的重要任务之一

我国城市化进程的加快，城市人口、功能和规模不断扩大，区域发展方式、产业结构和区域生产布局逐步发生深刻变化，新产业、新业态、新领域大量出现，伴随这一显著变化，城市运行系统则趋于复杂，城市安全风险不断增大。近年来，一些城市甚至是大城市相继发生重特大安全事故，给人民群众的生命财产安全造成了重大损失，这既暴露了城市安全管理存在的诸多短板，也揭示了城市安全基础不牢、城市安全状况与现代化城市发展要求不协调等突出问题。2018年1月，中共中央办公厅、国务院办公厅印发了《关于推进城市安全发展的意见》，提出：至2020年，建成一批与全面建成小康社会目标相适应的安全发展示范城市；至2035年，将建成与基本实现社会主义现代化相适应的安全发展城市。持续推进形成系统性、现代化的城市安全保障体系，建成以中心城区为基础，带动周边、辐射现象、惠及民生的安全发展型城市。这一总体目标的提出基本勾画出我国城市安全的近期、中期、远期发展方向与总体格局，标志着城市安全发展成为了国家城市化发展的重要任务之一。建设城市安全保障体系、城市安全发展模板已上升为国家顶层设计。

在城市安全发展语境中，安全发展结构优化、安全本质水平提升、安全创新能力增强都是推进城市安全体系建设的重要举措。城市产业发展与基础支撑体系、城市空间布局与主体功能定位、城市"多规合一"与城市智能水平等都是推进城市安全发展的重要议题。以往的城市安全研究多从防灾减灾出发，未能较好地兼顾城市可持续性发展和经济发展，聚焦于城市景观格局，从城市功能、产业、自然致灾因子等视角出发综合分析城市安全总体格局的相关研究甚少；从海绵城市、城市更新、韧性城市等现实发展来看，识别并调控景观要素体系为城市安全体系及发展环境构建提供相对综合且独特的研究视角。

3. 城市安全发展成为人类越来越普遍的共识

城市是人口、产业、财富高度集聚的地方，是现代经济和社会活动最集中、最活跃的区域，也是现代社会人们生产和生活的重要场所；城市安全是城市居民生命、财产安全的基础，更是进行各种社会活动与生产活动的基本保障。随着社会经济的高速发展，城市所聚集的人口、财富迅速增长，同时人们对城市安全的需求日益增强。马斯洛的层次需求理论包含生理需求、安全需求、爱和归属感、尊重和自我实现五类。其中，安全需求作为第二层次需求，属于低级别需求。从历史上看，人类创造城市的初衷就是基于安全需要，而在城市发展过程中也一直存在着安全问题并不断地进行安全建设。古老的城墙和护城河、近代的消防设施与队伍、现代的防暴警察和反恐部队以及城市的地震预报、天气预报、环境质量评估等，都是为了预防战争、火灾、恐怖袭击、地震、污染等灾害而设立的，无不透露着人类对于安全发展环境的不断认知与追求（赵运林和黄璜，2010）。

中国的大规模、快速城市化进程是公认的具有广泛经济、社会和环境影响的过程。就其与环境的关系而言，城市化不但依赖各种环境要素的支撑，是区域环境及其变化约束下的过程，同时也是越来越多的人口移居到城市、人工化的城市地域范围不断扩大的过程。在通常发展模式下，大城市人工要素的集中和对自然空间的排斥带来了众多安全问题。虽然大城市通常会由于优质发展要素集中而表现为就业机会众多、创新能力卓越等生机勃勃的景象，但是在各种灾害和事故（事件）面前，大城市又表现出特别的脆弱性。"9·11"恐怖袭击、北美大停电、卡特里娜飓风等都曾经重创美国的大城市，我国一些大城市曾遭受地震、疫病（SARS、高致病性禽流感、COVID-19）的灾难性打击，同时还经常性地承受大雨、暴雪、雾霾、火灾等造成的混乱以及交通拥堵、空气和水体污染等城市病对人居环境安全的威胁。一些灾害和问题可能对于规模较小的城市造成的危害并不严重甚至不成灾，但却可能使大城市遭受重大打击甚至瘫痪。尽管城市的安全建设得到不断加强，但面对大城市层出不穷的安全事件和环境问题，大城市风险化解能力及恢复能力仍十分有限。媒体、政府规划等关注的焦点大多浮于表面现象的探讨和规划，如管理问题、基础设施问题等，而地理学者则从更深层次探析安全事件的现象及其本质，并不断尝试从人与环境关系这一地理学问题去解释或构建城市安全发展的条件。

众所周知，灾害与人类是对立统一的矛盾体，二者呈现水涨船高的关系，当人类提高了抵御一些灾害的能力时，新的致灾因子又会暴露人类对于安全发展追求的无奈。但总体来看，城市的安全度在若干年内总体上无太大变化，因此对于城市的安全发展，人类不能追求极致和一劳永逸，人类能做的和应该做的是把握城市灾害的内在本质、掌握城市灾害的发展规律、调控城市安全影响因子、构建城市的安全发展环境，在承认安全有限性规则下努力做到相对进步从而达到一定程度上的趋利避害。从现阶段来看，城市的社会财富得到有效积累，人类在享受城市文明成果的同时也日益提升了自身的安全需求，"安全第一"成为社会越来越普遍的共识。安全发展应是科学发展观的题中之义，更是可持续发展、以人为本的题中之义，因而城市安全问题研究的应用价值是显而易见的。安全发展这一目标模式得以实现，意味着这一发展方式同时也会成为影响环境变化的人类活动的基本特征，因而研究安全发展问题对于新的人与环境关系这一科学问题也将有新的意义。在安全发展的语境里，对环境的理解不仅是单一的水、热等自然要素表达的环境，也不是泛泛的、无所不包而笼统存在于周遭的环境。安全视角的环境，是特定功能方向下的环境，是自然要素和人工要素交互作用的环境。如果能够在地理学中建立"安全环境"这一新概念，进而形成关于安全环境的过程和调控理论，将具有重要的学术价值和科学意义。

4. 学科融合、模型集成趋势为城市安全研究提供新视角和技术支撑

城市的安全发展问题在灾害学、公共安全管理、城市规划等学科中均有涉及，生态学科也从城市生态安全角度进行过有益探讨，而来自地理学科的研究还很有限且大多是在与其他学科之间的边缘地带进行研究，并没有发挥地理学的优势、体现地理学的核心价值。针对城市安全研究，众多学科都从不同视角、不同方法模型对其进行过一定尝试性研究，由于每个学科自有其优长和局限性，大多研究仅从城市安全的单一影响因素出发，如自然灾害、绿地空间、火灾、疫病传播等，综合性研究缺乏。大城市的安全发展问题具有高度的综合性，与地理学中的空间格局、"人—环境"关系及过程等核心问题密切相关，地理学的多尺度空间分析、空间制图和GIS工具、LUCC分析、可达性分析等一系列独特研究工具，以及地理学的综合研究特长能够在大城市安全发展研究中发挥独特作用。

学科融合、模型集成发展是学科发展、科学研究的重要趋势之一，这也为城市安全的综合研究提供了新的视角和方法支撑。例如，景观生态学以认识景观的格局与过程、揭示其相互关系为主要目的，不仅吸收了地理学中的空间分析技术，还继承了生态学中的整体性、动态性思想，这为揭示安全与城市景观格局间的内在机理、构建安全导向下的城市景观格局提供了一些有益思考；而ArcGIS、C++、Python等方法则可以有效实现城市安全技术方法的集成分析。本书将多学科视角及集成分析方法相结合，尝

试利用交叉学科思维探索城市安全发展分布规律，降低影响大城市安全的风险概率，为城市规划以及城市政策的制定提供一种新的实现城市安全发展的思路。

（二）问题提出

1. 城市空间拓展状况与多元致灾因子背景下的城市安全发展格局

城市空间拓展是区域多重要素共同作用的结果，不仅受到自然本底（地形、地貌等）的影响，也受到来自社会经济活动（交通、人口迁移、经济发展等）的多因素影响。在不同的自然本底和经济活动作用下，城市空间发展与景观格局过程呈现出明显的地域差异性。沈阳市地处东北平原南部，2015 年市区年平均人口 529.15 万人、建成区面积 465 平方千米、市区生产总值 5891 万元、城镇化率达到 80.55%，是东北地区人口、经济规模最大的中心城市之一。在城市功能定位、人口、经济、交通以及自然本底等多重因素影响下，沈阳市的空间拓展和景观格局过程如何？认知沈阳市的城市空间拓展状况和景观格局过程对安全发展格局分析及其安全意义提供一定的基础。

沈阳市近年来快速发展，也经历或正在经历其他大城市类似的安全威胁，如重度污染、事故灾害、城市内涝等；厘清致灾因子的发生背景、探究灾害发生规律显得尤为重要。同时，在区域快速发展及高度敏感性并存的背景下，沈阳市城市安全发展格局如何进行综合性评估，又经历怎样的发展过程，定量刻画城市安全演化过程及其异质性特征，有利于对后续城市景观格局及其安全性间的内在机理进行深入探讨。

2. 城市景观格局过程与城市安全性的内在机理

地理学者对于大城市的安全问题具有独特的理解和关注。例如，对于城市内涝灾害，人们普遍关注的是排水设施的不足，地理学者则关注城市化、下垫面和径流系数的改变，认为限制建设用地连片发展，用非建设用地（天然水体、森林、草地、耕地等）穿插城区是缓解灾害的有效途径。对于城市空气污染，人们往往关注工业污染排放、监管不力，地理学者还关注城市景观过程的改变，认为城市建设的膨胀大量挤压和吞噬了生态空间、建筑物的立体式快速增长导致了绿色空间对污染物的降解作用大大减弱。对于大连石化四年六烧、台风毁堤的巨大危险，人们在普遍关注管理问题的同时，地理学者还关注城市功能定位问题、危险产业的合理布局以及城市空间扩张的行政主导机制问题。对于 SARS 事件中的大城市成为重灾区，从地理学观点来看不仅是公共卫生问题，还与人口密度、城市规模、形态有关，是密度、规模、形态"三位一体"等。层出不穷的安全事件和环境问题的本质是人与环境的协调性问题，其解决方案均显示景观格局过程的优化是缓解城市灾害、构建安全城市的有效途径之一，如海绵城市、城市更新等。在面对洪水、地震、雾霾、瘟疫、恐怖袭击等各种各样的自然干扰及人为扰动等致灾因子时，大城市景观格局中的过程（包括要素变化）是如何影响大城市的安全性的，其内在机理如何？通过机理分析为后续安全导向下的大城市景观模式构建提供一定的基础，也是研究的重点与难点所在。

3. 安全导向下大城市最优景观模式构建

安全问题的本质在于人与环境的协调性，众多研究表明通过改善和优化景观格局过程能够在一定程度上解决或者缓解城市致灾因子带来的危害，从而降低影响大城市安全的风险概率。从景观生态学上看，集聚间有离析被认为是生态学意义上的最优模式，这一模式保留了生态学上具有不可替代意义的大型自然植被斑块，景观基地满足大小相间的原则，小型斑块的优势得到最优发挥，有利于形成边界过渡带、减少边界阻力，有利于区域风险分担等生态学意义。在安全发展导向下，城市功能分区定位、城市集中与分散等显性（宏观）问题都是城市化进程中安全发展的重要议题，这些议题的讨论需要基于景观格局过程与城市安全性内在机理的理性分析。而基于景观过程及安全环境间的内在交互机理研究，以景观格局要素体系为调控途径从城市发展规模、功能定位、密度分布、形态格局视角去改善和优化城市景观格局，构建安全导向背景下大城市最优景观模式、提升城市韧性水平和可持续发展能力，这是本书研究的理论和实践意义所在。

二、研究意义

（一）理论意义

第一，丰富地理学研究城市安全发展的视角。将景观生态学视角引入区域可持续发展、城市安全等科学研究中，并尝试将景观生态学研究方法、空间分析方法及数理统计方法综合化，用以模拟或解决城市安全发展中的系列问题，使传统的城市安全研究不再局限于灾害管理、工程管理等视角。

第二，揭示城市景观过程与城市安全发展的内在机理，提出大城市安全发展的最优景观模式与内容。从自然及人文双重视角定量分析景观格局动态演化过程与城市安全间的交互影响，重点探讨景观格局过程与城市安全发展的内在机理，归纳并提出安全导向下的大城市安全发展的最优景观格局模式与内容，为城市安全环境优化提供途径。

（二）实践意义

第一，从城市内部安全格局出发，将城市安全进行空间可视化、异质性分析，突破了以往的城市整体性研究，在时空尺度上形成城市安全演化的纵横向对比，在一定程度上丰富了城市安全发展的研究案例。

第二，以沈阳市为研究区域，探讨其景观格局视角下的城市安全问题，对于其他大城市实现安全导向下的景观格局优化与调整具有一定的规划启示作用。

三、主要方法与技术

（一）文献查询与综述分析

通过查阅相关文献及时了解城市安全在各学科内的相关理论、方法，把握城市安全研究的发展趋势，如韧性理论及适应性循环模型、人地关系理论、景观生态学中的风险评估及生态安全评估方法。对其进行分类及梳理并构建城市安全研究相关的文献管理库。基于《沈阳市总体规划（1979－2000）》、《沈阳市城市总体规划（1996－2010）》、《沈阳市城市总体规划修编（2005－2020）》、《沈阳市城市总体规划（2010－2020）》等规划文本解译城市内部用地功能现状图、了解沈阳市城市动态发展历程。同时，为方便数据的管理及研究的便利化，本书还建立众多数据库，如夜间灯光、内涝积水点、路网、交通路况、土地利用、PM2.5、气象数据、社会经济数据等。

（二）数理统计

数理统计是进行统计分析的重要手段。本书利用标准差指数、变异系数等对城市动态过程中的要素进行了一系列差异分析；网络分析方法用以识别城市动态发展过程中的地类转移状况；基于 SPSS 软件平台对城市发展过程中的扰动要素进行相关、回归及模拟预测，以形成多时间断面下的城市风险状况分析的基础；运用 AHP 层次分析方法对城市安全、城市风险等方面进行权重计算等；景观格局分析主要基于 Fragstats 软件平台对城市景观动态变化进行定量测度，并以各类指数进行数理表征。

（三）空间分析

空间分析是地理信息系统的重要功能，也是地理学相较其他学科具有相对优势的分析方法。通过多时间断面下的空间分析基本可以实现时空、动态与静态相结合，挖掘空间数据背后的重要信息与发展规律。本书综合运用空间自相关、空间可视化、地理加权回归、地理探测器、可达性、核密度等方法对城市动态过程、城市安全状况、安全环境与动态发展机理等方面进行空间分析，探讨其空间异质性特征及动态演变格局，揭示其内部规律及重要信息。

（四）模型修正与构建

基于传统经典模型的修正可以为适应时代发展下的科学问题研究提供重要途径，也是学科融合背景下的必然趋势。本书基于适应性循环理论及风险评估模型从扰动（风险）、连通（源—汇平均距离指数）及潜力（生态足迹）三个方面构建城市安全发展的三维分析框架，并将其嵌入至适应性循环模型中，形成动态演化的城市安全分析模型、定量刻画并识别城市空间内部的不同发展阶段，提出安全导向下的城市安全发展策略；基于"田园城市"模型、国内外城市安全研究及实践，归纳组团式大城市城市安全环境构建的六大要素，提炼安全导向下的大城市安全景观格局模型及其内容。

四、研究目标与框架

（一）研究目标

第一，深入理解城市复杂系统背景下的城市安全内涵，从景观生态学视角出发、借鉴地理学空间分析方法与研究范式，形成学科融合背景下的城市安全研究框架与特色。

第二，形成多元致灾因子背景下中小尺度的城市安全综合评估体系及测度方法，探讨城市动态发展与城市安全的交互关系和内在机理。

第三，基于景观格局视角提出安全导向下城市最优景观格局构建与优化策略，以期指导沈阳市安全城市规划建设，并为其他城市提供一定的经验借鉴。

（二）研究框架

本书有七章，每章具体研究内容如下：

第一章为绪论。阐述研究背景、科学问题的提出、研究的目标与意义、研究方法概述、研究框架等内容。

第二章为研究综述与理论基础。梳理了国内外对城市安全的相关研究进展并进行文献述评；论述了本书所涉及的相关理论，主要包括景观生态学理论，方法、空间结构理论，适应性循环理论等。

第三章为城市空间发展与景观格局过程。城市空间发展的定量分析部分主要从城市整体及中心城区两个尺度探讨城市土地利用的类型结构特征、城市空间发展的时空分异特征以及景观格局的动态演化特征三个方面，刻画城市动态发展过程、为认知沈阳市城市要素变化及安全环境的机理探讨提供认知基础。

第四章为城市安全性变化及其综合评估。城市安全定量评估，从自然扰动和人为干扰两个视角出发选取具有代表性的大城市安全发展问题，进行综合风险评估；同时，基于源—汇景观理论和生态足迹模型刻画城市安全发展的连通作用、潜力支撑效应等；最终构建城市安全发展的"暴露—连通—潜力"三维分析框架，利用自适应循环理论对其进行多时相的阶段特征分析。

第五章为城市要素变化影响安全性的内在机理。城市安全环境的机理探讨；从自然要素、人类活动强度及景观格局过程探讨城市要素运动对城市安全环境构建的影响，重点分析了景观格局视角下的规模水平、密度水平、组织形态与功能强度对城市安全水平影响的空间异质性作用。

第六章为基于景观格局视角的大城市安全发展环境构建。分析了动态发展进程中的安全环境扰动要素的新变化与新特征，梳理了国内外城市安全环境构建的主要措施及对策，确立了城市安全发展环境构建的基本原则，构建了安全导向下的大城市最优景观模型；基于最优模型及景观生态学视角从城市人口布局与生产生活转型、开放空间布局、有机廊道构建、生态基底保育、规划管理落实等方面对沈阳市城市安全发展提出相应对策。

第七章为结论与讨论。对本书的研究结论进行总结，分析可能存在的创新点，指出存在的不足及今后进一步深入研究的方向。

针对上述研究目标及研究框架，本书的研究技术路线如图1-1所示。

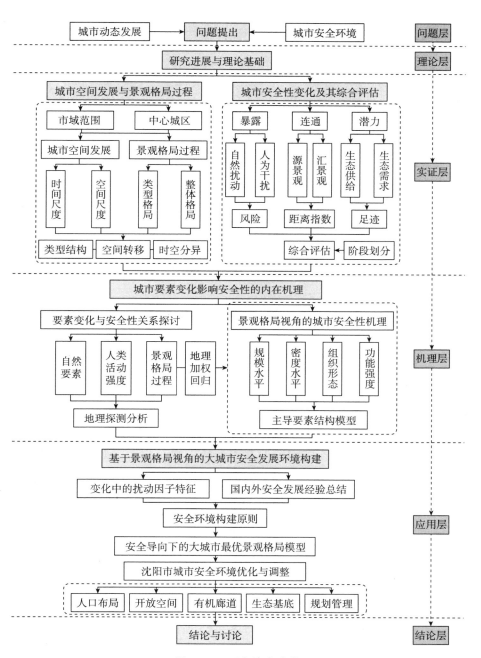

图1-1 研究技术路线

第二章
研究综述与理论基础

一、基本概念界定

（一）景观格局

景观格局是景观生态学研究的基本载体，也是揭示景观要素过程的核心问题之一。景观格局是指景观的空间结构特征，包括景观组成单元的类型、数目及空间分布与配置，由自然或人为形成的一系列大小不一、形状各异、排列不同的景观要素共同作用组成，是各种复杂的物理、生物和社会因子相互作用的结果。城市景观格局主要指城市空间格局，是不同大小、形状的城市景观斑块在空间上的排列组合方式（付红艳，2014）。

景观格局视角注重景观结构单元的类型组成、空间格局及其生态过程，强调空间格局、生态学过程与尺度之间的相互作用是景观生态学研究的核心所在。其中格局是指景观要素的形状、比例、空间分布等特征，是景观生态学的根本所在。格局决定景观的性质，包括景观多样性、空间异质性、景观连接度等。景观过程指景观系统内部及内外物质、能量、信息的流通和迁移以及景观系统自身演变的总称。过程强调动态特征，其表现形式多样，包括物种迁徙、群落演替、物质与能量流动、景观格局变化等。景观的格局与过程之间关系密切，近年来，格局与过程的关系逐渐成为景观生态学研究中的核心内容。

（二）城市空间发展

城市空间是城市人口进行生活和各项社会经济活动的场所，也是城市景观的载体。城市空间发展则是指城市在内部要素运动和外部因子影响作用下的动态发展过程，包括平面区域的扩大和城市内部垂直方向上的延伸，可通过发展速度与强度、形态等指标进行综合测算。本书所指的城市空间发展不仅包含中心城区的空间拓展及其内部功能用地的转换，还包括市区范围内各类景观在数量和空间上的变化状况。提升城市空间发展的质量与水平对缓解日益严重的各类城市病及面对不确定性的扰动冲击均可起到重要作用。

（三）城市安全性

城市安全性在不同学科领域具有不同的定义和概念：灾害学中的城市安全性主要指预防灾害、减少灾害带来的损失，使城市社会系统得以健康地、可持续地发展；心理学中的城市安全性主要用来反映城市居民的安全心理需求；社会学则认为城市安全性是符合社会良性运行和协调发展的时代需要。综合而言，城市安全是指对自然灾害、社会突发事件等具有有效的抵御能力，并能在环境、社会、人身健康等方面保持一种动态均衡和协调发展，为城市居民提供良好的秩序、舒适的生活空间和人身安全的城市社会共同体。本书的城市安全性是指在不确定性因素扰动（突发灾害与慢性城市病）和自身行为相互作用下，城市保持正常运行和发展的状态，或财产、健康和生命被控制在可以接受的程度内。其中，威胁城市安全性的主要不确定性因素包括气象灾害、地震、疫病、大城市病以及人为事故。

依据数据的可获取性和沈阳市城市安全发展状况，本书的不确定性扰动要素包括城市热岛、城市内涝、雾霾污染及生境退化等。城市综合安全性则是指景观格局应对不确定性扰动要素干扰下的城市发展状况，具体包括暴露性要素强度、风险化解速度与风险化解强度三个方面。

二、研究综述

（一）城市安全研究

国外城市安全研究多与阻止犯罪联系在一起，例如，van den Berg（2006）在其编著的 The safe city: Safety and urban development in European cities 一书中以欧洲鹿特丹、安特卫普、柏林等 11 个城市为例从区域安全（暴力、经济空间结构等方面）、毒品与城市安全、青少年犯罪与城市安全三个方面出发探讨了城市安全及其影响因素。Coumarelos（2001）在 An evaluation of the safe city strategy in central sydney 一书中以悉尼为例，从街头抢劫、暴力事件出发，对以犯罪为主要内容的城市安全进行了定量分析，为提升悉尼城市安全感、构建安全城市提出了一系列的相关措施。Fagan 等（2009）、Zimring（2011）均以纽约城市犯罪为视角研究犯罪与城市安全之间的关系，并探讨了众多影响因素。其中，Fagan 等（2009）基于犯罪率、邻里人口和社会结构以及犯罪措施（包括直接的破窗措施）等因素出发研究城市犯罪率与安全，认为禁止活动的急剧增加主要集中在贫困和少数民族社区，而这些与人口和社会经济条件密切相关。Zimring（2011）以城市犯罪数及犯罪警力出动情况为变量对纽约城市安全进行了定量分析，描述了纽约市的安全状况、解释了控制力量背景下城市犯罪与城市安全建设之间的临界值等问题。Broadhurst（2004）详细介绍了 1973～2003

年以来中国香港地区的犯罪趋势并对犯罪变化的解释进行批判性评论，重点描述和解释了执法部门记录的犯罪性质和流行情况以及犯罪受害者报告的情况，认为犯罪可能是社会健康的晴雨表，是对社会秩序和发展的威胁。Chakraborty 等（2017）以印度的人口集聚区——班加罗尔为例探讨城市中女性安全与城市暴力犯罪，认为预防工作的不重视和专业知识的缺乏性导致了各机构优先考虑与受害者进行访谈，而忽视潜在的风险受害人群，他们建议由一个机构联合体共同努力开发预防性服务、确保问责制的实施、提供干预资源、评估干预措施。城市进入工业化发展后期，社会财富在大量聚集的同时，城市发展也出现交通拥堵、突发性事件、空气污染等一系列城市病或城市安全事件。众多学者从城市景观、交通事故、防灾、城市安全规划等方面对城市安全进行相关研究。例如，Ishikawa（2002）将城市景观规划与城市安全相结合，从开放空间与火灾视角出发，详细讨论了东京开放空间的历史演变，并阐明实现安全城市的特点和主要问题。Dumbaugh 和 Rae（2009）从社区尺度出发，实证检验了交通事故与社区规划设计之间的关系，发现以城市主干道为导向的商业发展和大型商店与交通相关的碰撞和伤害发生率增加关联性较强，十字路口对交通事故的影响是混合的，研究认为通过严格管理主干道将商业和零售用途从主干道分离出来分布到与动脉系统有限连接的低速通道沿线，以及高密度社区建设有助于减少交通事故发生率。Wekerle 和 Whitzman（1995）在 *Safe cities：Guidelines for planning，design，and management* 一书中详细介绍了安全城市的规划原则、设计和实施等内容。

国内对于城市安全还没有明确的概念或定义。赵云林和黄璜（2010）在《城市安全学》一书中将国内外城市安全、安全城市的相关概念做了综合的、相对哲学化的定义，认为城市安全是指城市中的任何阶层、任何资产、任何时间与空间均处在客观上不存在威胁、主观上不感到威胁，同时其本身又具备某种消除威胁的有效手段和途径的稳定状态。沈国明（2008）在《城市安全学》一书中对城市安全的定义则相对简略，认为城市安全就是处于城市范围的人、财、物、地及各种正当活动的安全。中国城市减灾研究专家金磊（2004）从灾害视角出发将人地关系系统纳入灾害概念中，认为灾害是由于某种不可控或未能预料的破坏性因素的作用，使人类赖以生存的环境发生突发性或累积性破坏或恶化，引起人群伤亡和社会财富灭失的现象和过程，并着重提出几乎所有灾害都集中在城市层面，城市是现代灾害的巨大承载体。刘亚臣（2010）在《城市化与中国城市安全》一书中对城市安全内涵、特征、我国城市安全的特点、原因及类别进行了系统性阐述。虽然众多学者在城市安全定义及概念方面均有不同理解，但其内涵均体现了城市可持续发展、以人为本的本质要求；其内容均具有很强的综合性，不仅囊括了社会经济活动中的人口、政治、经济、文化、生态、交通、景观、信息等方面，还对自然扰动与人为干扰方面进行了大量的相关论述，建立了城市安全发展研究的基本内容与框架；而研究方法主要以定性为主，缺乏一定的数理论证基础。城市安全研究的理论体系、测度方法未能得到较好的构建，对于处于高速发展和高度敏感中的大城市而言，其潜在的风险、弹性空间、安全发展状况及其调控都值得依据地理学方法进行综合实证研究。

现阶段，大量的相关研究来自自然灾害管理学科，也是城市安全问题研究的主流领域，相关研究表明，威胁城市安全的扰动要素主要分为自然灾害、技术灾害、公共卫生事件、社会安全事件等类型（刘亚臣，2010）。自然灾害形成机制与综合风险管理层面，基于因素分析、风险评价、管理对策等方面的城市安全研究文献大量出现。例如，张继权等（2005，2006）将城市风险影响因素归纳为城市危险性、暴露性、脆弱性及防灾减灾能力四个方面。针对风险评价方面已出现一系列的评估方法，并有大量研究案例。例如，徐伟等（2004）通过构建指标体系利用 GIS 空间分析技术对 2000 年中国 672 个城市的地震灾害危险度进行综合测度。宋城城等（2014）在综合考虑海平面上升、陆域和海域地形变化、海塘沉降等因素的基础上以上海历史上引发强风暴潮的热带气旋为基础，构建复合灾害情景，模拟分析了不同情景下台风风暴潮对上海造成的漫滩淹没影响。王芳等（2005）借鉴经济学中投入—产出模型对城市安全资源进行评价，提出了建立资源共享的城市重大危险源安全应急网络这一城市安全发展策略。辜智慧等（2012）从城市用地系统出发提出基于城市用地单元的区域综合自然灾害风险评估的概念模型，通过社会和灾损风险两方面的指标体系构建并进行综合测算。周亚飞和刘茂（2011）从整体角度出发分析研究了化工园区内多个重大事故风险源造成的区域风险及其叠加效应，并绘制出个人风险等值线。袁艺等（2003）使用分布式水文模型就土地利用变化对城市化流域暴雨洪水汇流过程的影响进行了模拟，定量分析了土地利用格局、湿润度和暴雨强度与城市洪涝的相互关系。宋英华（2007）从城市经济发展的边际效应分析入手，分析了包括城市应急处置能力、城市安全容量在内的约束性因素与经济发展增长之间的经济性边际关系，建立与经济增长速度紧密相关的基于经济性边际效应的城市安全风险评估体系，提出安全风险评估的基本理论模型。上述研究均从水灾、地震、火灾等特定灾害出发，从土地利用对城市灾害风险的影响单一视角进行城市风险格局评价，而方法上多借鉴工程学或经济学方法。近年来，城市安全研究扩展到城市公共安全领域，并在该领域中得到较好的发展与实践，如防灾体系建设、避灾体系规划、应急管理体系构建等方面（顾林生等，2007；顾林生等，2009；于亚滨和张毅，2010），研究多从安全设施的规划配置方面做出了一些技术性的探讨（李茂，2008；唐进群等，2008；邹德慈，2008；史培军，2012；柴俊勇，2016）。而一些不确定扰动因素的发生，使得众多学者开始从地理学视角关注城市景观、规模、功能对城市安全的影响。例如，曹志东等（2008）对广州市 SARS 流行的空间风险因子与空间相关性进行探讨，得到人口密度、道路交通、医院、商场、学校等空间风险因子均与 SARS 发病率显著正相关，发病率的高值聚集区域主要位于人口密度高、经济活跃、交通发达的城市中心地带。李秉毅和张琳（2003）针对 SARS 爆发，提出城市规划中应增加绿地比例、控制城市规模无限扩大等建议与措施。修春亮和祝翔凌（2003）基于多次公共卫生事件归纳总结了城市人居安全的特征，并立足城市管理与政策、城市规模、形态、密度与生态基础设施层面从人居安全视角构建了相对完整的城市发展理念。

综合现有研究，城市安全还多集中在概念与理论层面，虽然部分研究开始从景观生态、地理学等层面去探讨，但多为定性描述；而定量性评价、格局—过程—机理等地理学视角、方法与研究范式并未在城市安全研究中得到充分拓展与有效利用。鉴于此，本书从景观生态视角出发，充分借鉴地理学研究的手段与工具，探讨城市安全的格局、过程、内在机理，将为城市安全研究与预警提供一个相对独特的研究方法借鉴及研究视角。

（二）城市空间拓展研究

1. 城市空间拓展形态与驱动机制

城市空间是城市人口生活和各项社会经济活动进行的场所，是城市景观的载体。城市空间拓展是指城市在内部要素运动和外部因子影响作用下的空间动态发展过程，包括平面区域的扩大和城市内部垂直方向上的延伸。分析城市空间拓展形态及其内部驱动机制是认知城市空间拓展状态、掌握城市空间拓展规律的前提和基础，有助于精确掌握城市拓展的时空差异，对促进可持续城市空间形态具有重要意义。Squires（2002）在 *Urban sprawl：Causes，consequences，& policy responses* 一书中对美国大都市区的扩张原因、现状及其政策机制做了详细阐述。Zhang（2001）以芝加哥大都市区为例研究了都市区城市扩张因素，认为社会经济、交通区位、住房和土地利用法规、社区地理区位是城市扩张的主要因素，通过使用地理信息系统技术将地方因素与地区因素区分开来发现社会经济和住房相关因素比社区对新发展的吸引力与空间相关因素更为重要。Dieleman 和 Wegener（2004）的研究指出，欧洲和北美的城市形态发展及其影响越来越受到关注，如市中心地面下降、对私家车使用的依赖性增加以及开放空间的丧失，并从政策出发探讨了北美"新城市主义"、"智慧成长"等政策，认为欧洲的"紧凑型城市"和"多功能土地利用"政策虽然难以落实，但对遏制城市进一步扩张仍具有重要作用。

20 世纪 90 年代以来，中国城市化得到快速发展，但城市发展都形成了大分散和蔓延式的扩张态势，城市拓展形式以增量拓展为主，城市边缘地区土地开发失控，建设用地盲目蔓延现象严重。依据城市空间拓展的显性形态划分可将城市空间拓展模式划分为集中型同心圆式外拓、轴带型拓展、跳跃式组团拓展及低密度连续蔓延拓展四种模式（杨荣南和张雪莲，1997）。而针对于城市体量状况则可将城市空间拓展模式划分为增量拓展（延续性和跳跃性拓展）及存量更新重组（内涵型拓展）两类（郭月婷等，2009）。值得注意的是，城市空间拓展是多种因素共同作用的结果，各因素间影响力大小直接作用于城市空间，因此，城市空间拓展形态存在多种模式并存的现象。Wang 等（2005）利用分形维数、紧凑度、形态指数等对 1990～2000 年中国 31 个城市的扩张状况进行分析，得到中国大多数城市扩张属于外延型拓展，而内涵型拓展城市较少且几乎位于平原地区。潘竟虎和韩文超（2013）利用数理统计方法对 1990～2010 年中国 35 个省会及以上城市的扩张状况进行分析，得到东部城市总体扩张速度高于中部和西部，扩张形态大都集中于正方形与矩形之间，少数城市为菱形、星形、H 形或 X 形，城市扩张往往趋向少数几个方向，"摊大饼"式的扩张并不多见。潘竟虎和韩文超（2015）的进一步研究指出城市化推进、交通区位条件变化、城市新空间要素出现和政府调控力度加大是影响城市空间形态演变的主要因素。东部地区地形平坦、经济发达、外来人口众多，对城市扩张形成了很强的推动力。蒋芳等（2007）基于地理空间指标体系从城市扩展形态、扩展效率及外部影响三个方面识别了北京市 1996～2004 年的城市拓展情况，认为北京市城市拓展存在形态不尽合理、效率仍然不高，对农业、环境和城市生活存在显著的负面效应。Yu 和 Ng（2007）综合遥感影像、景观度量和梯度分析等方法分析和比较了广州城市扩张时空动态特征及其主要因素，得出广州城市边缘地区或新兴城市化区域分化程度较高的结论，由于自上而下的限制和当地互动的复杂性因素影响，广州展现出与中国其他城市不同的城市扩张路径，其更加复杂，人口增长、经济发展、房地产市场力量和政府政策是广州南部地区快速增长的主要动力。任启龙等（2017）基于城市年轮模型对沈阳市 1985～2015 年的城市扩张情况进行研究，得出沈阳市建设用地时空分异明显、城市扩张模式由圈层状转向沿高速公路放射状再转换为新城组团式扩张的结论，认为自然、政策、经济及交通是导致城市拓展的主要因素。王海军等（2016）通过构建基于空间句法的扩张强度指数对广东省棉湖镇进行城镇拓展趋势及主要拓展轴向分析，指出交通状况改善是城市扩张的驱动力之一、交通对城市发展模式和方向具有重要的导向作用。随着西部大开发等国家策略的实施，西部经济水平、交通基础设施水平均得到明显提升，城市扩张则在地形、交通、政策等因素影响下呈现出不同的拓展形态，其动态拓展过程中的驱动机制出现一定的阶段性特征。廖和平等（2007）通过对重庆市1997年建立直辖市以来近10年的城市空间拓展实证研究表明，重庆城市由直辖初期的"极核式"空间布局逐步发展为由分散集团式和集中型同心圆式组合成的复合式空间格局，经济水平的持续发展是重庆市城市空间扩展的主要原因，政府引导下的大型项目建设及市场导向的乡村工业化建设过程是改革开放以来重庆城市空间拓展的主要影响要素和扩展机制。张修芳等（2013）对天水市城市扩张进行了时空特征研究，指出受两山夹一川的地形因素影响，天水市城市扩张经历了由二点向多点分散扩展、内部填充与沿河谷延伸的空间演变过程，形成了南北窄、东西长的带状同心圆式外扩模式，指出不同时期城市扩张动因具有明显差异：初期是人口和工商业迁入，中期是行政力量和市场机制，近期则为人口、经济的增长带来的社会需求。祝昊冉和冯健（2010）以四川省南充市为例，利用半径法探讨了西部经济欠发达地区中心城市的空间拓展规律，得到城市增长动力从自然增长主导的扩张模式向多种增长力量共同作用的综合模式演化、城市扩张的总体趋势为东北—西南的轴向拓展的结论；胡静和陈银落（2005）对柳州市城市扩张趋势进行数理分析，运用灰色系统分析法得出城市扩张变化的主要驱动力为社会系统压力、经济发展、投资和工业发展。

意大利Muratori – Caniggia学派所认为的建筑语言具有阶段性和连续性特征，城市形态作为多元建筑镶嵌体在空间上的映射，其在不同历史阶段具有不同的扩展形态，这为服务于当代的城市空间规划或结构优化提供了一定的经验作用。王成新等（2004）从历史地理学出发通过横向和纵向对比总结出，南京都市圈城市在水运时期的单侧带状和散点状布局、陆路时期的星状或块状布局以及综合高速交通时期的都市连绵带三种空间布局形式；基于交通模式对城市空间布局的作用机制提出，交通模式仍将是影响城市拓展形态发展的重要因素，它通过各种关联效应形成城市的发展轴线。王格芳等（2009）以济南为例总结城市规模及空间形态与交通模式的脉动变化规律，指出在不同的交通模式下，济南先后呈现点状、飞地状、轴状和组团状发展形态，区位优势提升、产业的拉动和乘数效应、机动可达效应和区域协调发展效应是交通脉动规律的主要动因。

从现有研究来看，城市空间拓展形态与驱动机制研究均以遥感影像（Landsat、DMSP/OLS 等）为基础进行一系列研究，历史分析、空间分析、多元回归、模型构建等方法被广泛运用于研究中，研究方法呈现出多元化特征。而尺度方面则主要有全国尺度、城市群（都市圈）、中心城市（省会城市）等，尺度涵盖了经济发达地区与欠发达地区、国家至单一城市等各个等级或区域，研究尺度较广。

2. 城市空间拓展过程与模拟、预测研究

城市空间拓展过程及其模拟、预测的目的在于优化城市空间结构、调控城市发展方向，为城市发展政策的制定提供一些有益思考。Seto 等（2011）基于遥感图像数据分析了 1970~2000 年全球 326 个城市扩张状况及影响因素，得到 30 年的全球城市土地扩张了 5.8 万平方千米。印度、中国及非洲的城市扩张速度最高，而北美的城市总面积最大，全球城市土地扩张率高于城市人口增长率，经济增长和人口增长对不同国家和地区影响具有明显的差异性。中国城市扩张主要缘于经济增长，印度及非洲城市扩张主要受城市人口增长的影响，北美地区人口增长对城市扩张的贡献要大于欧洲。SRES 情景预测显示，至 2030 年，全球城市土地覆被面积将增加 43 万平方千米到 1256.8 万平方千米。Angel 等（2005，2011）从人口超过 10 万的全球城市中选取 120 个案例城市，依据紧凑性、连续性、时间动态变化等指标划分为九大地区进行城市扩张研究，发现发展中国家城市的密度比工业化国家的城市密度高出约 3 倍，而且所有地区的密度都随着时间的推移而减少，如果按照过去 10 年 1.7% 的平均密度继续下降，至 2030 年，发展中国家城市建成区将超过 60 万平方千米，而城市人口将增加 1 倍。Mundia 和 Aniya（2005）利用 Landsat 图像和社会经济数据综合反映内罗毕市的城市扩张空间动态，认为建成区已扩张至约 47 万平方千米，道路网络影响了城市发展的空间格局，使得建成区的扩张在主要道路上呈线性增长，城市扩张对城市森林、绿地空间的剥夺最明显。Fazal（2000）综合利用遥感影像和现场调查等方法对 1988～1998 年撒哈拉布邦城市农业用地向城市用地转换的损失情况做了研究；Del Mar López 等（2001）指出伴随波多黎各的社会政治变迁（农业国家转向工业国家），经济转型和人口增加将导致城市地区的扩张，1994 年的城市地区增长了 27.4%、农业土地损失 41.6%，与 1977 年相比则意味着 6% 的农地存在潜在损失风险。

计算机技术的快速发展为城市空间拓展形态和内部结构的分析和多情景预测提供了支撑平台和研究方法，如遥感处理技术、元胞自动机模型（CA）、土地利用转换及效用模型（CLUE）等。Barredo 等（2003）从理论的角度阐述使用元胞自动机进行城市场景生成的原因，他们提出一种自下而上的方法将土地利用因素与 CA 的动态方法相结合，对未来城市土地利用情景进行多情景模拟，并将其应用于都柏林市 30 年的仿真情景预测。Sudhira 等（2004）指出城市扩张属于全球现象，主要受人口增长和大规模迁移驱动的影响。他们以印度的芒格洛尔为例，借助 GIS 和遥感数据分析了近 30 年的扩张模式和程度，并预测未来的扩张状况和主要形态。中国作为城镇化迅速发展的发展中国家，城市蔓延正在以惊人的速度对自然资源造成伤害，其过程和多情景模拟预测成为土地规划与决策的重要认知基础。杨青生和黎夏（2007）以东莞市为例，运用 CA 模型模拟市域内 1988～2004 年城市空间拓展过程并分析了中心镇城市化对整个城市空间结构的影响。He 等（2006）基于影响、限制因子及概率的城市拓展 CA 模型，较为理想地对北京市城市拓展进行了模拟与预测。城市空间拓展模拟方法众多，也各有优缺点，为此，众多学者则基于不同地域条件和数据要求进行了预测模型的集成使用，为城市空间拓展或景观类型预警提供多情景预测，已出现了大量集成性的预测模拟研究成果。例如，陈逸敏等（2010）结合耦合的系统动力学模型（SD）与 CA 模型的集成模型 FLUS 模型开发了 GeoSOS（Geographical Simulation and Optimization Systems）软件，用于多类别土地利用变化的动态模拟，并在城市群增长边界划定、农田保护区模拟预警等方面得到较好的运用。樊风雷和王云鹏（2007）与马世发（2015）均基于元胞自动机原理利用编程语言构建城市扩张模型，分别对广州市和珠三角核心区的城市扩张进行了空间模拟预测。付玲等（2016）采用 BP 人工神经网络方法、GIS 和 RS 技术建立北京市城市增长边界模型，相对精确地预测了城市未来的扩张方向。陈凯等（2015）、韩效和刘民岷（2014）、刘兴权等（2011）分别对元胞自动机进行相应改进（如可控领域、随机森林、发展动态模型），对佛山、成都和长沙三个城市进行了城市扩张仿真模拟。詹云军等（2017）、张真等（2014）则利用 SLEUTH 模型、神经网络、Markov 模型对武汉市、广东省顺德区的土地利用变化进行多情景预测。多元模型集成方法较好地综合了各类预测方法的优点，为城市空间拓展、城市土地转换研究及城市土地规划决策提供了相对精确的认知基础。

（三）城市景观过程（要素变化）研究

景观格局过程是景观生态学研究的核心问题之一。景观格局是指景观的空间结构特征，包括景观组成单元的类型、数目及空间分布与配置，由自然或人为形成的一系列大小不一、形状各异、排列不同的景观要素共同作用组成，是各种复杂的物理、生物和社会因子相互作用的结果（Krummel et al., 1987；Hulshoff，1995）。城市景观格局主要指城市空间格局，是不同大小、形状的城市景观斑块在空间上的排列组合方式（付红艳，2014）。随着城市化进程的不断加快，城市面积急剧扩张、城市植被覆盖率明显降低、城市景观斑块的连通水平大大缩减，一些直接和间接的负面效应逐步凸显，而城市景观过程研究则可以在城市发展进程认知、景观整体规划方面提供科学的决策依据。Nagendra 等（2004）在综合梳理土地覆被、土地利用空间格局与过程间的关系相关论文的基础上，将地理信息系统、社会经济和遥感技术与景观生态学方法相结合，将空间格局与土地利用过程相联系，实证分析了美洲、非洲和亚洲不同地区的生态、社会和制度背景及其景观格局间的关系。Schröder 等（2006）基于景观建模从方法层面提出了处理模式—过程交互分析的一套定量、稳健和可再生的时空模式分析方法。Gardner 等（1987）基于地形、传染、干扰等因素使用渗流理论得出的方法来构建中性景观模型，使得在干扰因素和景观过程相互作用影响景观格局背景下确定适当的研究尺度。上述研究均从方法层面对景观格局过程进行了相关的模型构建或理论基础充实。在城市景观格局的定量研究中，Luck 和 Wu（2002）认为城市化的空间格局可以通过梯度分析方法用景观指标可靠地量化，城镇化中心的位置则可以精确地通过多个指标确定。Weng（2007）以美国威斯康星州丹麦县为例，通过横断面分析与时间趋势分析相结合的方法，具体探讨了居民生活方式变化与城市增长形态的关系，认为土地利用多样性和景观破碎程度与城市化程度呈正相关关系。Solon（2009）以华沙大都市区 1950~1990 年景观空间结构的变化分析了从市中心到交通路线的距离对景观指标值、森林和建成区景观时间尺度变化以及交通网络对城市增长方向和强度的影响。国内基于各种区域尺度也进行了相关研究，如 Deng 等（2009）通过整合历史高空间分辨率 SPOT 影像，研究了1996~2006 年中国城市化进程对土地利用变化和景观格局的时空动态和演变，认为快速的城市化进程以前所未有的规模和速度加快了土地利用转换速度和城市发展速度，农田和水域是城市土地扩张的主要类型。城市群是我国新型城镇化的主体形态，建设用地集聚连片的快速扩张对区域资源、生态环境的压力持续增加，刘菁华等（2017）以京津冀城市群为例，对 1990~2010 年京津冀城市群景观格局的变化特征及其驱动机制进行了相关研究，认为其景观格局的变化主要受自然和社会经济要素的综合影响，景观类型之间的驱动机制存在明显的差异性。

快速发展的大都市一直是景观格局研究的重点，众多学者对单一城市进行了相关研究。例如，Zhu 等（2006）、杨鑫和傅凡（2015）以上海及北京为例，结合梯度分析和景观分析方法基于最佳景观尺度研究了交通对城市景观格局的影响，认为当交通线与城市斑块融合时，斑块密度的变化随着尺度变化而变化，而交通线对景观格局的分割作用使得城市斑块密度急剧减少，并加大了生境破碎化程度。荀斌等（2014）、贾琦等（2012）、王安周等（2010）、么欣欣等（2014）借助 RS 与 GIS 对深圳市、天津市、郑州市、沈阳市的土地利用及景观格局的时空变化进行研究，结论表明城镇化进程的加快对景观破碎化速度加快、异质性增加具有促进作用。齐杨等（2013）通过对比长三角及新疆两地区的中小城市景观格局，探讨了其驱动要素，认为两地区中小城市的景观格局状况基本相似，景观的破碎化程度均不断上升，斑块形状更趋于不规则，景观多样性呈小幅增加，人口增长及流动对长三角地区城市景观的影响主要体现在城市景观变化，对于新疆而言则导致了耕地景观面积的增加。生态文明、海绵城市等政策的提出，使部分学者对生态敏感区、城市开放空间等进行了相关研究。例如，Fu（1995）从农业景观出发对我国黄土地区农业景观空间格局进行了研究，提出在丘陵坡地和山坡至沟坡之间种植植物缓冲带可以有效控制水土流失、改善景观的连通性。王芳等（2017）则对太湖流域景观空间格局进行了动态演变分析，并对 2030 年景观格局进行多情景模拟，得到自然发展情景下耕地和建设用地的变化幅度最大、生态保护情景下草地面积猛增、耕地保护情景下耕地和建设用地的变化幅度骤减等发展启示。解伏菊等（2006）基于景观生态最优化原则，立足景观生态学中的斑块—廊道—基质景观基本构型，对城市内部开放空间的景观总体格局进行探讨，提出引入自然部分、提高开放空间景观的异质性，加强廊道规划建设、营造城市开放空间体系，选择合理的城市扩展形态、保持城市土地的开敞性三个有益启示，这些启示对于营造安全城市、可持续发展城市提供了一些建设性意见。张华如（2008）则以合肥市为例探讨了城市绿地空间格局优化路径。综合相关文献，景观格局过程研究基本形成了格局—过程—机理—预警（预测模拟）—调控优化等景观生态学的科学研究范式，尺度多元化、方法综合化特征显著。

（四）城市景观格局与城市多元致灾因子的相互关系研究

1. 城市景观格局与雨洪内涝的相互关系

城市内涝是指强降雨或连续性降雨超过城市基础设施排水能力而导致地面产生积水灾害，对城市居民出行、生命财产、城市生产活动等产生一系列安全影响的现象。城市内涝现象是自然活动（强降雨天气、地形等）和人文活动（城市景观格局、城市排水系统等）双重作用的结果。在全球气候变化及快速城市化的背景下，2008～2010年我国62%的城市均发生过内涝灾害，内涝灾害超过3次以上的城市达到了137个，显然暴雨内涝已经成为频繁发生、损失严重、影响广泛的城市灾害之一[①]。2012年北京"7·21"、2013年上海"9·13"、2014年深圳"5·11"等特大暴雨内涝灾害成为城市"以车替舟、城市看海"的典型案例，而"逢暴雨必涝"也成为我国大中城市的真实写照。舆论焦点纷纷批判地下排水等城市基础设施羸弱、救灾应急能力不足、城市管理水平欠缺等宏观问题，政府则依据景观生态过程从更深层面提出了以渗、滞、蓄、净、用、排为主要措施的"海绵城市"建设并进行城市试点。工程管理学结合降水和地下排水工程设施状况对城市内涝现象进行评价及模拟。例如，陈睿星等（2017）、王嘉仪等（2017）、李婉婷等（2017）均基于SWMM模型对龙岩市、郑州市、天津市等的暴雨内涝进行定量模拟和预测，得到了一些地下管网优化的有效措施。地理学界多从城市土地利用、景观格局等视角出发探讨城市景观格局与城市径流调节、城市内涝间的相互关系。Bautisa等（2007）实证研究了绿地景观格局与径流量之间存在显著的相关关系。Armson等（2013）通过道路沿线地区景观格局（草地、林地与道路）9平方米样区研究了绿地景观格局与径流的相关关系，认为草地几乎控制全部地表径

---

① 全国62%城市内涝，城市管理者急功近利？[EB/OL]. http://gz.house.163.com/special/gz_nl/.

流，林地则可以使地表径流降低 62%。Inkiläinen 等（2013）则对城市居住区林地的生态功能进行了研究，认为林地可以降低 9.1% ~ 21.4% 的城市雨洪。Ellis 等（2006）、Yang 和 Myers（2007）、Gill 等（2007）、Mentens 等（2006）、Zhang（2012）均从径流调节功能出发研究了不同地域内绿色植被对雨洪影响程度的差异性，其结论均不同程度地揭示了绿地景观可以成为应对城市暴雨灾害的一种经济、绿色、持续有效的途径。城市快速扩张使得景观格局产生变化，绿地、水域等生态空间持续缩小，景观破碎程度不断提升等使得城市生态用地对地表径流的调节作用明显降低，这也进一步加快了城市内涝现象发生的频度与强度。殷学文（2014）、张彪等（2015）从单一的绿地景观格局出发通过刻画绿地景观斑块对雨洪滞蓄功能大小分别对北京新开渠—莲花池排水流域、北京市六环内城市建设快速扩张区进行了评估。袁艺等（2003）以深圳地区布吉河流域为研究区域，使用分布式水文模型探讨了快速城市化过程中土地利用变化对流域暴雨洪水汇流过程的影响进行模拟。高习伟（2016）利用改进 CSC 模型对气象水文和土地利用变化背景下的上海市城市雨洪安全进行了综合评价分析，得到基于景观安全格局理论的城市洪涝安全格局初步识别。利用景观格局过程结合地下管网基础设施状况、内涝发生频率数据成为研究城市雨洪内涝现状和预测的重要手段和方法。例如，吴健生和张朴华（2017）以深圳市"5·11"内涝事件为例，探讨了城市景观格局对城市内涝的影响，得到建设用地、绿地、水域等不同类型下的景观斑块对城市内涝的影响。黄硕和郭青海（2014）更加全面地阐述了景观格局演变的水环境效应，认为景观类型的更替和格局的演变（表现在自然植被景观基底大幅度改变、自然景观斑块破碎化程度加大、源—汇景观比例及格局失调）具有时间尺度差异性和空间尺度相应多样性的水环境负效应特征（非点源污染、水生生态系统、城市内涝）。现有研究均从不同尺度视角论证了城市景观格局变化对城市径流调节、城市内涝具有显著的相关关系，而城市内涝与景观格局关系、影响程度、影响机理以及格局优化均未得到有效聚焦与探讨，这为本书提供了较好的研究视角与内容。

2. 城市景观格局与空气污染的相互关系

工业革命以来，化石燃料的燃烧以及交通运输的大发展对城市空气质量产生了重大影响。20 世纪 40 年代的美国洛杉矶光化学烟雾、1952 年的英国伦敦烟雾等事件成为环境保护史中空气污染的典型案例，虽然此类烟雾事件得到有效改善但人类也为此付出了惨重的经济代价甚至生命。现有研究均不同程度地指出城市发展进程中所出现的空气环境问题实质上与城市景观格局的人为干扰密切相关，景观格局与大气污染间是复杂和典型的格局—过程关系。Escobedo 等（2008）、Nowak 等（2006）、Cohen 等（2014）均从单一景观类型出发研究了城市森林、绿地、公园等景观斑块类型与空气污染扩散及降解之间的关系，并不同程度地分析了降解作用对居民健康的影响程度。Webera 等（2014）的研究指出在无实际监测数据的情况下 PM10 能较好地反映城市结构的景观指数。Tang 和 Wang（2007）则从城市形态视角出发，实证研究了空间形态对空气污染具有显著影响，指出历史街区的道路狭窄、路网复杂地区街道峡谷效应明显，CO_2 浓度较高。我国城市快速发展过程中同样面临着空气污染问题，尤其是中东部地区的发达城市，空气污染对发达城市居民健康及城市正常运行产生一系列影响。张莹（2016）以哈尔滨为例，探讨了城市森林在不同季节、不同气象条件下对城市 PM2.5 浓度的影响，得到森林对 PM2.5 浓度的削弱作用明显、增加景观斑块的聚集程度和规模面积可以达到依靠城市森林降解城市空气污染的目的。邵天一等（2004）将城市绿地景观格局划分为斑优景观格局、斑匀景观格局、廊道景观格局及对照景观格局四种类型，探讨了不同景观格局类型下的大气污染状况，揭示了不同绿地占比下的景观斑块对城市大气污染物的净化作用存在显著差异性，其中扩大绿地斑块面积、降低景观破碎化程度与斑块—廊道共存型分布格局可以有效提升绿地景观对大气污染物的降解作用。空间尺度异质性及时间尺度动态性是景观生态学研究中的两个重要特征，探讨城市景观格局过程与空气污染间的关系机理为降低污染危害、优化景观格局和构建城市安全发展环境提供了一定基础。例如，丁宇等（2011）从区域内部地域构成的空间异质性视角出发，借鉴干沉降模型建立植被对大气污染削减效应即空间特征的表征方式以揭示不同层次区域中绿地对大气削减的作用，得出大气污染削减率因人口密度、产业分布、绿色空间规模、空间分布等空间异质化表征方式和影响程度的不同而有所差异。朱柳燕（2016）以广州、南京、北京三城市为例，探讨了城市景观结构与城市 PM2.5 时空变异的相互关系，通过构建基于景观因子的最优拟合模型得到二者交互关系的时空规律。谢舞丹和吴健生（2017）以深圳市为研究区，利用空气质量监测站点数据及景观类型测算数据进行相关和多元回归分析，认为植被对 PM2.5 浓度的削减具有显著影响，而镶嵌特征、结构特征和景观破碎度与 PM2.5 关系密切。崔岩岩（2013）基于济南市空气质量监测点，借助景观格局指数分析方法定量分析了城市土地利用变化对 SO_2、NO_2 和 PM10 浓度空间分布的影响关系，认为植被用地和建筑用地最大斑块、斑块比、斑块破碎度等指数与大气污染物浓度的空间分布呈现出显著相关性。源—汇理论与模型从空间动态视角出发为景观格局过程及空气质量关系研究提供了理论和模型基础，国内基于此进行了一些定量分析。例如，黄瑞（2015）利用源—汇模型对城市景观格局过程与污染物消耗进行模拟分析，并通过构建城市屋顶绿化途径与分布格局对城市空气质量进行调控。许凯等（2017）以武汉市为研究区域，利用多源遥感数据研究城市源、汇景观格局与大气霾污染的相关关系，并利用地理加权回归模型对源、汇景观与 AOD 进行局部回归分析，得到大气霾污染的源景观为建筑物，汇景观为灌木和林地；减小源景观面积所占比例，增大其破碎化程度，源、汇穿插均匀分布可以有效降低大气霾污染，中心城区的商业区和居民区是武汉市大气霾污染的主要来源。

3. 城市景观格局与热岛效应的相互关系

城市景观格局的变化引起众多自然现象和生态过程的变化，如生物多样性、物流过程、能流过程、局部气候，这些生态或自然环境的变化直接影响人类生存质量。城市建筑密度和高度的提升对城市气候环境具有显著影响，其中热岛效应是热点问题之一。城市热岛效应是城市人口集聚和景观格局演变的最直接结果，是绝大多数城市共有的微气候特征，将影响城市生态系统功能和人居环境健康（陈利顶等，2013）；城市热岛效应是指城市地区大气和地表温度高于周边农村的现象。国外对于城市景观格局与热岛效应多基于气候数据及遥感影像数据进行一系列的定量研究，得到了一些有利于人居环境改善、可持续城市发展的政策启示。例如，Maimaitiyiming 等（2014）从单一绿地景观的边缘密度、斑块密度及百分比等指标出发，探讨了阿克苏城市的绿地构成与地表温度之间的关系，认为虽然绿地比例是引起城市热岛效应最重要的变量，但绿地的空间结构对其也有显著影响。Goward（1981）从城市建筑物结构出发解释了城市景观的热环境，认为建筑物的空心结构减缓了城市热岛效应，建筑物与城市路网的热力环境存在明显的差异性。Buyantuyev 和 Wu（2010）以亚利桑那州索诺兰沙漠北部的凤凰城大都市地区为例，探讨了热岛效应的昼夜和季节特征，使热岛效应研究更加精确化，他们认为虽然城市核心比其他地区普遍温暖（特别是晚上），但这与城镇化梯度并不一致，城市间的温度差异大于城乡差异，植被和路面对解释热岛效应的时空变化具有重要作用，社区的社会经济要素对热岛效应影响相对较小。Connors 以美国亚利桑那州凤凰城为例，探讨了城市景观格局及热岛效应之间的关系，指出草地、不透水表面及工业/商业区域三种土地利用方式的平均地表温度明显不同，草地及不透水层的比例可以有效解释热岛效应，而工业/商业区域的温度可以通过草地和不透水表面的变化来测量。Zhou 等（2011）以美国马里兰州巴尔的摩市为例，定量研究了城市土地覆盖的组成及结构对热岛效应的影响，指出草本植被的覆盖率是减轻热岛效应最重要的因素，城市热岛效应可以通过土地覆盖特征的不同空间布置而显著提升或降解。我国相关研究大多借鉴国外定量分析方法与理论基础，如贡璐和吕光辉（2011）以乌鲁木齐为例，详细分析了热岛效应的时空特征及绿洲城市景观格局与热岛效应等内容。杨俊宴（2016）以南京新街口中心区为研究对象，在热岛效应时空差异探究基础上对比了不同类型空间形态单元热环境的差异、特征及其成因，从规划、建筑、景观三个层面提出了不同尺度、类型背景下的区域热环境优化策略。张楚等（2009）基于遥感影像探讨了重庆主城区的热环境效应，认为重庆主城区存在明显的热岛效应，城市干线对热岛效应的空间分布具有显著影响，而城市地表温度与植被指数呈负相关关系。针对城市内部各类景观类型对城市热岛效应的影响作用，相关学者做出了一些定量研究。例如，周东颖等（2011）基于哈尔滨地表温度反演结果，对城市公园对热岛效应的影响进行了分析，得到市区内的公园在高温区形成明显的热岛空洞，公园对周围区域具有降温效应，且具有距离衰减性特征等结论。黄良美等（2007）针对不同的景观类型探讨了其对城市热岛效应日变化影响。刘焱序等（2017）从城市规模、景观组分、空间构型等景观格局表征指标出发，对热岛效应及城市景观格局进行了从整体到局部、从数量到空间的综合研究，结论对于明晰缓解城市热岛效应的景观生态途径具有重要作用。

4. 城市景观格局与生态安全的相互关系

生态安全是支撑区域社会经济发展与人类生存的生态系统应对众多生态问题的反应能力及恢复能力。从现有研究来看，景观格局不仅是生态安全的重要方面，也是生态安全评估的基础；生态安全与景观格局过程中的规模、空间配置及其相互作用力变化紧密相关。学者从景观格局视角出发多聚焦于生态脆弱性、生态风险、生境质量退化等层面对生态安全进行定量刻画并将其进一步延伸到生态安全网络优化领域，以维持区域生态系统的稳定性及功能完整性。

从生态脆弱性研究来看，SRP 模型是脆弱性分析的重要研究方法，马子惠等（2019）利用该模型对大连市生态脆弱性进行评估，通过 OAT 方法识别出土壤有机碳含量是大连市最为敏感的指标。付刚等（2018）基于社会—自然耦合生态系统视角利用 SRP 模型探讨了北京市的生态脆弱性，得出城市生态脆弱性与土地利用方式呈显著相关关系，认为植被覆盖度和建设用地比例是影响北京市生态脆弱性的主导因子。城市群逐步成为拉动区域发展的重要增长极，其快速发展导致的生态环境问题逐步引起学者的重视，学术界开始将研究尺度延伸至城市群范围。林金煌等（2018）通过综合指标体系方法对闽三角城市群的生态环境脆弱性进行定量刻画并进一步探讨了其驱动力，得到闽三角城市群的生态脆弱性存在显著的地带性特征，不同地类对区域脆弱性的贡献程度存在明显差异，人口密度、景观多样性等一直是闽三角城市群生态环境脆弱性的主要驱动力。

从生态风险与生态安全研究方面看，众多学者将风险、安全与生态网络构建与优化进行联系并探测其因素。李俊翰和高明秀（2019）基于遥感数据从网格尺度评价了滨州市生态系统服务价值与生态风险的时空演变特征及其关联性，认为生态系统服务价值变化相对于生态风险指数具有一定的滞后性。尺度效应是景观格局分析的重要内容之一，而基于景观格局的城市生态安全评估则具有明显的尺度特征。部分学者将尺度纳入城市生态研究中，如张甜（2019）从土壤侵蚀、城市热岛、生境受损、地表硬化、植被退化、人群聚集六个方面对像元、流域及街道办尺度上的深圳市景观生态风险进行评估，提出深圳市景观连通性与景观生态风险正相关，而不同尺度下风险关联的显著性会发生改变。学者从流域、城市群、单一地形区或单一景观格局进行生态风险与生态安全分析。例如，曹玉红等（2019）定量刻画了皖江城市带生态风险的时空演化格局并提出相应的对策建议。赵越等（2019）将景观划分为生产—生活—生态三大空间，从景观指数出发构建生态风险指标体系对赣江上游流域景观生态风险进行评估及影响因素分析，认为人口规模、公路里程、城镇化率是造成生态风险提升的重要因素。韩逸等（2019）则从耕地单一景观出发探讨丘陵地区的生态风险，并定量刻画了生态风险影响因素的方向性和异质性。在学科融合背景下，更多的空间分析方法运用至生态安全定量评估中，如梁发超等（2018）通过生态阻力模型定量剖析了闽南沿海地区的生态安全格局，并提出景观生态安全网络空间重构策略，为促进人与自然和谐共生的山水城市生态安全格局提供了科学依据。

从生境退化研究来看，学者多基于多时相土地利用数据，利用 InVEST 模型进行生境质量评估，探测城市扩张背景下的区域生境受损状况，从而为生态安全策略的制定提供支撑作用。陈妍等（2016）、冯舒等（2018）基于 InVEST – Habitat Quality 模型评估了北京市的生境退化程度和生境质量变化情况。戴云哲等（2018）、邓越等（2018）、白立敏等（2020）从城市扩张视角分别探讨了长沙市、京津冀地区、长春市的生境质量变化及城市扩张区域城镇化时空响应关系，认为生境质量与城市扩张存在强烈的空间负相关关系，生境受损最明显的区域始终位于各时期的核心外围区。部分学者利用景观格局分析方法综合元胞自动机模型及 InVEST 模型进行生境质量预测分析，如褚琳等（2018）基于武汉市多期景观格局采用 CA – Markov 模型模拟预测 2020 年自然增长情景下的景观格局状况及生境质量变化，并探究了景观格局变化与人类活动之间的关系。

（五）文献述评

城市安全研究是一项综合意义十分明显的研究，现有研究多集中在灾害管理学科领域。我国快速城市化进程，大城市蔓延式拓展、体量性成长严重，大城市在集聚财富、提供现代城市文明的同时也伴随着一系列的城市病，承受着大量的潜在风险，这使得大城市处于一个高速发展、高度敏感的"双高"境地，而一旦灾害和风险降临大城市，其面临的结果可能是重创甚至瘫痪。地理学者长期立足于人地关系系统研究一系列社会、经济现象，而城市安全作为城市化进程中的重要议题，更应受到关注。众多地理和规划学者从城市规模、密度、形态等对城市安全进行了相关定性研究，但其中的理论基础、评估方法、内在机理等方面仍相对薄弱。

景观生态学作为地理学与生态学的交叉学科，关注空间格局、过程、尺度、机理等方面，将其纳入城市安全研究中，为地理学研究城市安全提供相对较新的视角。立足于快速成长的城市现状，探讨其与城市安全的交互机理，为指导安全导向下的城市景观模式构建提供科学依据，具有明显的学术和社会价值。综合现有相关文献来看，地理学对城市安全研究仍处于探索阶段，主要体现在：

从研究视角与内容方面来看，城市安全研究的主要内容是城市内部系统各个要素对城市发展的系列扰动或潜在威胁，涉及城市系统的众多方面。现有研究大多从工程管理学科、灾害管理学科领域出发，地理学和景观生态学视角下的城市安全研究相对缺乏。就其内容来看，城市安全研究多从城市安全的单一威胁因素进行，均缺乏综合性和系统性。而城市作为一个系统，影响城市安全的威胁要素众多，割裂要素进行研究难免会出现以偏概全的现象。

从研究尺度与方法方面来看，规划学界开始关注韧性城市、弹性城市、城市脆弱性等方面的研究，这与城市安全研究具有一定的相同点，即均以城市系统为研究对象、均要识别城市威胁源等。但无论是城市安全研究还是规划学界的韧性城市等方面的研究，研究尺度均停留在宏观层面，均把城市作为一个整体，对众多城市进行对比研究。虽然这对于认知城市安全、城市脆弱性的时空规律具有较好的作用，但对于城市系统内部规划的实施或实践意义不大。因此，有必要引入中观、微观尺度去探究城市内部系统的安全格局分布，以更好地实现优化调控。就方法而言，现有相关研究多集中在定性描述层面，而地理学中的空间分析方法、景观生态学中的景观分析方法并未在相关研究中得到有效运用。在学科融合背景下，合理运用空间分析方法、景观分析方法、模型构建等是实现中微观尺度下城市安全定量评价的重要途径。

三、理论基础

（一）城市空间结构（形态）理论

城市是一定地域范围内的空间实体，它的孕育、形成与发展都存在内在的空间秩序和特定的空间发展范式，城市各物质要素空间分布特征及不同的地理环境会演变为形态各异的城市。城市形态是构成城市发展变化的空间形态特征，这种特征通过具体的城市景观形式表现出来，城市景观格局为城市形态的外在显现形式。依据空间尺度、概念外延及内涵可以将城市形态分为城市肌理形态、城市结构形态以及城市布局形态三个层次（王慧芳和周恺，2014）。在可持续的城市形态研究中包含了社会、经济、环境三个方面的可持续性，城市安全研究则是社会可持续性的重要组成内容（见图 2 - 1），良好的环境是促进城市稳定、繁荣发展的基础条件。国外的城市形态学研究在建筑、城市规划、城市地理、政治经济及城市历史等学科中均有一定的发展，并逐步形成了几个比较成熟的流派，Moudon 认为 20 世纪 90 年代以前的城市形态学研究主要分为英国 Conzen 学派、意大利 Muratori – Caniggia 学派及法国城市形态学派。

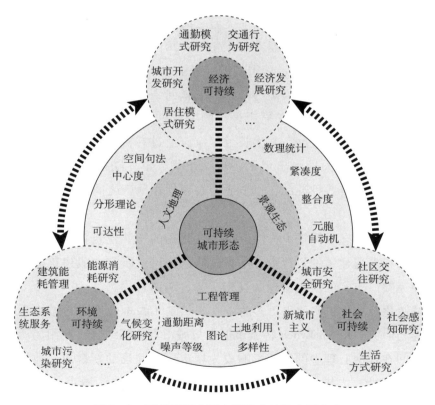

图 2 - 1　可持续城市形态研究方法及主要内容

Conzen 构建了康泽恩学派城市形态学的理论框架，是该学派的奠基性人物。他强调"城市景观"的概念，将其概括为当地社会连续发展过程中"城市精神的客观体现"。而城市形态区域，就像城市景观本身是城市历史记录的累积。他搭建了城市形态研究的理论框架、强调城市形态演化过程的重要性，指出单个地块被确定为聚落格局的根本要素、认为地图学的证据是实地调查和文献材料的重要补充以及相关历史过程概念体系建立的重要性因素（姚圣等，2013）。

Muratori - Caniggia 学派拓展了基于建筑类型学的城市肌理形态分析视角，把不同时代建筑的类型演变作为形成城市形态的基本元素。通过对城市建筑类型历史的分析揭示建筑语言的阶段性和连续性特点，在当代建筑与老建筑的比较间发掘过去和当前类型之间的自发关联性探讨城市形态内的元素、结构、系统、机制要素（朱宁等，2016）。Leon Krier 继承了 Aldo Rossi 的类型学思想，来揭示城市发展进程中遇到的问题，并针对已逐渐教条和僵化的现代主义提出质疑与修正，主张回到传统中去学习，这个理论成为 20 世纪八九十年代欧美城市设计的主流思想。Leon Krier 认为城市和人一样有着相对应的尺度，其生长过程应该通过有机繁衍来进行；由于体量的无限膨胀与扩大导致出现了各种城市病，单一功能的扩张在城市结构、功能上滋生着各种混乱，也造成中心和周边地区之间的严重失衡（韦康庚男和齐康，2016）。

法国城市形态学派较少关注追求个性张扬的特殊建筑设计，而将注意力放在大量普通建筑的设计上，并尝试从街区尺度研究一般建筑类型是如何构建完整、丰富的城市肌理的（朱宁等，2016）。

城镇化及城市扩张使得更多的学者开始基于人本角度进行城市形态理论构建与研究。Kevin Lynch 将城市形态与城市意象相结合，利用场所感来描述空间在社会心理中的长期影响成为城市形态理论的新视角。他认为人们是通过路径、边界、区域、节点、标志等要素去辨认城市的形态特征的，因此，城市形态不应再是城市规划与设计师的主观创作，而应是每座城市自己的自然和历史特色；在分析城市意象要素的同时，他将空间、结构、连续性、可见性、渗透性、主导性等形态特性与之相结合，从而引导人们对城市外部形态与内涵进行使用与控制（林奇，2011）。美国芝加哥学派的人类生态学理论代表人物有 R. Park、E. W. Burgess、H. Hoyt、C. D. Harris 和 E. L. Ullmann，他们基于城市空间结构形态先后提出了同心圆学说、城市地域扇形理论和城市多核心学说（陆丽娇等，1990）。早期的人类生态学理论因过分强调社会的生物性而遭到批判，基于此出现了将城市视作一种文化形式，强调社会文化因素与城市空间之间密切联系的新人类生态学，哈里、齐美尔尝试从文化角度将城市空间与社会文化结构联系起来，进一步扩展了人类生态学理论的视野。而在城市持续扩张、全球气候变化和可持续发展背景下，21世纪西方城市形态研究主要致力于对可持续城市形态和规划设计研究，虽然在集中与分散两种城市形态上存在一系列争议，但对于促使城市空间发展更符合可持续经济、社会和环境发展原则这一主旨基本形成共识（占克斯和丹普西，2001）。

（二）尺度理论

尺度理论不仅是生态学中研究的重要理论，也是整个陆地表层系统研究的核心基础。广义来讲，尺度是指在研究某一物体或现象时所采用的空间或时间单位，也可以被看作是某一现象或过程在空间及时间上所涉及的范围和发生的频率；尺度的存在源于地球表层自然界等级组织和复杂性，其本质是自然界所固有的特征或规律；尺度研究的根本目的在于通过适宜的测量尺度来揭示和把握本征尺度中的规律性。生态学系统的结构、功能及其动态变化在不同的空间和时间尺度上有不同的表现，也会产生不同的生态效应，称为尺度效应。对于景观格局而言，其尺度效应主要表现在景观指数的计算结果随空间尺度的变化而发生变化。

集成景观斑块和城市功能区等多尺度信息，可研究城市景观格局演变的生态环境效应的尺度差异。由于景观格局和生态过程涉及不同的研究尺度，并且随着尺度的变化而变化，使得定量描述景观格局与生态过程之间的关系成为目前景观生态学研究的热点和难点。不同尺度的研究需要从观测技术、数据资料、分析方法等方面进行设计和保障。景观斑块尺度研究可以揭示景观类型、结构等特征对环境效用的影响，而城市功能区则包含了多种景观要素，形成具有特定社会经济功能的区域，对其格局和环境效应的研究能反映不同景观要素的综合影响，并可以更好地为城市管理和规划服务。通常自然环境中生源要素与污染物的迁移过程属于微观尺度，而环境要素的转化过程属于中观尺度。在景观生态学研究中，联合运用野外测定、试验模拟、遥感、GIS 和模拟方法进行综合研究已经受到重视，目前需要发展和测试新的尺度方法，如 Allom Etric 分维尺度、再规范化、等级模型（Johnson et al.，2004）。由于尺度过大或过小都会在一定程度上造成景观格局及其过程的有效信息遗失，为此，景观生态中产生了尺度推绎方法以相对全面地获取其有效信息。尺度推绎可以通过多尺度对比研究探讨生态学结构和功能尺度特征。King 于 1991 年提出了利用景观生态学模型进行尺度上推的四种方法，分别是简单聚合法、直接外推法、期望值外推法、显示积分法。

（三）复合种群理论

美国生态学家 Levins 于 1970 年提出"复合种群"一词，认为复合种群是由空间上彼此隔离，在功能上相互联系的两个或两个以上的亚种群或局部种群组成的种群斑块系统。亚种群之间的功能联系主要体现在生境斑块间的繁殖体或生物个体的交流。该概念为复合种群的狭义定义。广义复合种群为所有占据空间上非连续性生境斑块的种群复合体，只要斑块间存在个体都可称为复合种群。复合种群动态过程具有亚种群（斑块）及复合种群（景观）两个空间尺度（邬建国，2007）。基于复合种群的广义概念，Harrison 和 Taylor 将复合种群结构分为 Levins 型、大陆—岛屿型、斑块型、非平衡态型及混合型五类，其具体类型、定义及其结构示例如表 2 - 1 所示。

复合种群理论从相互作用角度探讨了空间非连续性和斑块间相互交流强度对生态系统过程及其稳定性的影响程度。城市景观属于斑块镶嵌体格局,各斑块间存在明显的交互影响(敏感性或适应性),斑块间相互作用过程(要素运动)则对整个城市景观格局的稳定性产生影响。将复合种群理论引入城市安全研究中,不仅有效表征了城市景观系统内部斑块的多元性,还可以从空间相互作用视角刻画景观系统内部要素运动及外部干扰作用对城市整体安全的影响。

表 2 – 1　复合种群的类型、定义及其结构示例

类型	定义	结构示例
Levins 型	由多个特征形似的斑块组成,每个斑块都经历灭绝过程	
大陆— 岛屿型	由一个大斑块(种群永不灭绝)和多个小斑块(种群频繁灭绝)组成;再定居过程存在单向性,即从大斑块到小斑块	
斑块型	由相互之间有频繁个体或繁殖体交流的生境斑块组成的种群系统。虽然存在一个空间上非连续的生境斑块系统,但斑块间在功能上形成一致	
非平衡态型	大时间尺度下的物种灭绝率大于再定居率而造成的不断衰减的复合种群	
混合型	由一个核心斑块(位于中心部分的、在功能上密切联系的斑块复合体,由多个斑块组成)和外围若干个小斑块组成	

注:实心环表示被种群占据的生境斑块,空心环表示未被物种占据的生境斑块,虚线表示亚种群的边界,箭头表示种群扩散方向。

（四） 斑块动态理论

斑块动态（Patch Dynamics）概念起源于 1947 年英国生态学家 A. S. Watt 提出的格局与过程学说，其主要观点在于生态学系统由斑块镶嵌体构成，斑块的个体行为和镶嵌体的综合特征决定了生态系统的结构与功能。自 20 世纪 70 年代开始，斑块理论受岛屿生物地理理论和复合种群理论的影响得到了迅速发展。其中 1985 年 Pickett 和 White 编辑出版的 *The Ecology of Natural Disturbance and Patch Dynamics* 综合了斑块动态实地研究的精华，成为斑块动态理论发展史中最重要的里程碑。自此，斑块动态概念被广泛运用于种群和群落生态学的理论与实证研究中，逐步发展成为生态学中的新理论。

斑块是指任何与周围环境不同而表现出较明显边界的地理单元，其内容可以是生物的（森林、草地、生物聚落、动物居群等），也可以是非生物的（地形、地貌、土壤类型等），其研究内容的多元化为众多科学研究视野的开拓提供了一定基础。斑块动态从个体和整体视角出发，包含了斑块个体本身的状态变化和斑块镶嵌水平上的结构与功能的变化，突出强调了空间异质性及其生态学成因、机制和作用。例如，干扰和演替过程常常驱动着不同类型的斑块发生变化，进而影响整个镶嵌体的空间结构和功能发生显著变化。为探讨干扰、空间异质性和种群动态及种群结构之间的相互关系，Levin 和 Paine 指出由各种内部和外部因素造成的空间异质性必然会影响群落的表现和功能特征，并提出反映生境空间斑块动态性的 Levin - Paine 斑块模型（邬建国，2007）。

斑块动态理论从时空尺度拓展了生态学格局与过程研究内容，为跨学科和跨系统的综合研究提供了一个空间概念框架和实际操作范式。城市景观格局作为一个有机生态系统，其存在和发展必然具有空间异质性和动态演化性特征。城市作为景观综合体，其内部不同斑块承载着不同性质和强度的功能和属性，斑块镶嵌水平则反映了城市景观格局分布状态及功能的完善程度。在自然干扰和人为因素影响下，斑块功能与斑块镶嵌的总体水平会发生明显转换。在人地关系系统中，景观格局过程与人为活动、自然干扰形成典型的交互影响关系。具体来看：景观格局状态与过程反映了自然—人文活动的强度和频度，是自然—人文活动在地域空间内的重要表征要素，其动态过程能够反作用于人类与自然活动；人类及自然活动通过干扰作用改变景观格局水平和系统功能，从而形成景观格局的动态演替进程。由于斑块动态具有内容多元性、动态演化性特征，将斑块动态理论引入城市安全研究中，对从时空尺度探析区域系统内部斑块功能转换、整体景观镶嵌水平与城市安全干扰因子间的相互关系提供一定的理论基础。

（五）景观连接度与渗透理论、图论理论

景观类型在空间上的结构、功能格局及演化过程是景观生态学研究的基础。景观连接度作为测度景观生态过程的指标最早由 Merriam 于 1984 年引入到景观生态学中。而后，Forman 和 Godran（1986）将景观连接度定义为描述景观廊道或基质在空间上如何连接和延续的一种测度指标。Baudry（1984）提出景观连通性概念并分析景观连通性和景观连接度的区别，认为前者是指组成景观要素在空间结构上的联系，后者则为功能和生态过程中的联系。邬建国（2007）总结了景观连接度概念，认为景观连接度既包含空间结构也包含功能过程，景观连接度（Landscape Connectivity）指景观结构单元间的空间连续程度（结构连接度）及景观格局促进生态系统过程在空间上扩展能力（功能连接度）。前者指景观在空间上所表现出来的表征连续性，后者则基于生态学过程特征确定的景观连续性。

景观连接度影响因素多样，不仅与景观空间结构有着密切关系，而且与生态过程及研究对象有关。从景观格局来看，景观类型在功能与结构上具有密不可分的关系，不同空间结构决定了功能差异性；从景观过程分析，物种迁移、能量流动均具有各自的运动规律，其生态过程存在差异性；从景观类型来讲，基于同一基质的景观格局，不同斑块的景观连接度水平差异性显著。众多研究表明在人类活动强烈干扰的景观地区，斑块类型的规模大小、连接度水平影响着物种的丰富程度、迁移过程和生存质

量；而在人类活动干扰较小的自然景观地区，生物栖息地与景观元素存在较多的自然联系，但是不同性质的景观斑块对于生物迁徙和生存质量起到的作用不同。景观连接度描述了景观要素在功能和生态学过程上的有机联系，这种联系可能是生物群体间的物种流，也可能是景观要素间直接的物质、能量与信息流，这为探索景观空间异质性和揭示景观空间格局与生态过程间的动态关系提供了理论基础和技术方法（陈利顶和傅伯杰，1996）。城市的快速拓展往往会大量增加人为景观要素而逐步减少自然景观要素，这导致了城市景观破碎化和孤岛化现象日益严重，针对景观破碎化过程开展景观连接度研究可为景观格局优化和土地可持续利用提供科学决策依据，也成为维护、恢复和重构景观之间结构和功能联系，提高区域景观功能、维持区域安全的重要途径。目前，景观连接度已广泛应用于生物多样性保护、生物资源管理及城市规划等方面。

渗透理论最早由 Higbie 提出，用以描述胶体和玻璃类物质的物理特性，后逐渐成为研究流体在介质中运动的理论基础，广泛应用于流体在介质中的扩散行为研究。当某一事件或过程在影响因素或环境条件达到一定程度时突然进入另一种状态的情形在景观生态学中得到诸多体现（种群动态、水土流失过程、干扰蔓延等），这种由量变到质变的突变现象被称为临界阈现象。渗透理论主要用于研究这一临界阈现象，其最突出的理论要点是当媒介的密度达到某一临界值时，渗透物突然能够从媒介的一端到达另一端。而渗透阈值主要受邻域规则（四邻－0.5928、八邻－0.4072、十二邻－0.2892 等）、栅格几何形状、生境斑块在景观中的空间分布特征、时空尺度及物种行为特征等因素综合影响。总体来看，渗透理论对控制生态过程具有重要的作用，如果生态过程不能在邻域的单元中发生渗透，而是在分隔的单元中发生渗透，景观连接度将会随着斑块聚集范围的增大而增大。在早期的连接度研究中，由于渗透理论基于简单随机过程具有显著可预测阈值特征，对大尺度上景观结构连接度的变化分析以及基于栅格数据的生态过程随机模拟具有重要的指导意义（吴昌广等，2010）。但渗透理论认为连接度的变化或者景观破碎化与景观要素（斑块）丧失呈线性关系，仅考虑了维持某种生态功能的景观组分密度对景观连接度的影响，在复杂的景观格局以及功能变化的分析中具有一定的局限性。

图论广泛应用于信息科学、社会科学以及生态学过程中，是量化网络连接度和流量的重要方法之一。富伟等（2009）在介绍 Kindlmann 和 Burel 的最新研究综述中将其与渗透理论归纳为景观连接度的两大主要理论，并认为图论极大地推动了景观连接度和生态流相关研究的发展。图论能够较好地反映结构连接度与功能连接度，将其运用到生态流中能够较好地反映斑块—廊道、区域和自然系统间的网络属性，这为跨尺度及景观动态的可视化提供了良好的框架。

（六）源—汇理论

源—汇理论最早运用于流体动力学中，Rankline 进一步发展了源—汇理论，指出流体动力学中的源是一个抽象的点，流体在这个点不断地流入与流出，源附近的流速非常快；而负的源被称为汇，指的是流体径向流入并不断被吸收或消失的点（米尔恩－汤姆森，1984）。Pulliam 在异质种群和景观镶嵌体概念的基础上提出了用于种群统计的源—汇模型，以用于解释和研究异质种群的动态和稳定性的内部机制；该模型认为生物种群的生境质量存在异质性，生境质量较好的地区有利于种群生存，出生率高于死亡率、迁入率高于迁出率的种群则被称为源种群，反之则为汇种群（余晓新等，2016）。源—汇理论及其模型为景观生态学学科体系的建立和发展奠定了重要基础，这为景观生态学中的格局与过程关系这一核心内容研究提供了发展条件。陈利顶等（2003，2006）首次运用源—汇理论和洛伦兹曲线建立了源—汇景观对比指数的数学模型。进一步阐述了源—汇理论及其生态学意义，在格局和过程研究中，他们依据景观对同一生态过程的贡献作用将异质景观分为源、汇两种类型，其中源景观是指能够促进过程发展的景观类型，而汇景观是那些阻止或延缓过程发展的景观类型；二者在性质上是相对的，源景观、汇景观的区分必须针对特定的发展过程。源—汇景观理论赋予了景观格局的过程含义，通过调节景观格局能有效控制景观生态过程的方法与途径。通过研究,陈利顶等(2003)认为源—汇景观理论可以应用于非点源污染控制、生物多样性保护、水土流失及城市热岛效应等研究领域。陈利顶等(2003)从水土流失和非源点污染出发,总结了一般生态过程的源—汇景观评价模型如下:

$$LLI = \mathrm{Log}\left\{ \sum_{i=1}^{M} \int_{x=0}^{D} S_{xi}\omega_i dx \Big/ \sum_{j=1}^{N} \int_{x=0}^{D} H_{xj}v_j dx \right\}$$

式中,LLI 为景观空间负荷对比指数;D 为研究区域至目标斑块的最大距离(距离、坡度、相对高度等指标);M、N 分别为研究区域内所有源景观、汇景观的类型总数;S_{xi}、H_{ji} 分别为源景观、汇景观类型随距离增加形成的面积累计曲线;ω_i、v_j 分别为第 i 种源景观类型的权重及第 j 种汇景观类型的权重。

源—汇理论分析了景观格局与过程的关系,在一定程度上弥补了景观指数无法真正反映格局过程与效应的不足,具有很强的理论意义和应用价值。然而如陈利顶所说,源—汇理论的应用必须针对特定的景观过程,源—汇模型中景观空间负荷对比指数需依据具体生态过程进行相应的修正与构建。城市安全发展在一定程度上可以看作威胁—敏感—适应的综合过程,其中,威胁源(致灾因子)可以称为城市安全发展过程的汇景观,弹性空间(防灾空间)则可被视为源景观,敏感性则体现在二者的相互作用力上。为此将源—汇景观理论引入城市安全研究中在一定程度上拓展了源—汇景观理论的研究视角和应用范围,也能更好地探讨城市安全发展动态过程。但城市安全作为一项综合研究,其动态发展必然存在着多重过程,某一致灾因子在一过程中可能为汇景观,而在另一过程中可能归于源景观,这为城市安全综合研究增加了一定难度。

(七) 适应性循环理论及模型

自组织性是自然及人类社会普遍存在的特性,城市系统是复杂的、动态的、多层次的,自然系统与社会系统相互依赖、相互作用的耦合系统也必然遵循着这一规律。城市内部要素及主体行为通过干扰信息进行自身状态、结构和主体行为的调整，从而形成新的规则；在经历这一不断往复的循环过程后产生了城市社会—生态系统的循环性现象。

适应性循环最初由加拿大生态学家 Holling（1996）提出并用于解释复杂生态系统应对干扰和变化反馈的动力机制，强调系统在面对干扰时如何进行自我组织来应对变化，在不同阶段，其内在的关联度、灵活性和恢复力都有着不同的表现方式。在适应性循环理论中，城市社会生态系统可以被看成是一个个生命周期，每个生命周期包含快速生长阶段（r）、稳定守恒阶段（K）、释放阶段（Ω）和重组阶段（α）四个阶段，每个阶段都具有不同的特征。例如，快速生长阶段在一个适应性循环过程中具有最大生长速率的特征，稳定守恒阶段则具有最大的持续稳定性，释放阶段被称为一种创造性的毁灭时期，重组阶段则是创造性改变的阶段（见图 2 - 2）。

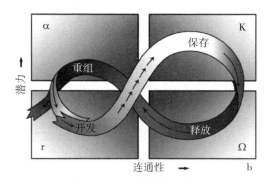

图 2 - 2　适应性循环模型

适应性循环解释了城市复杂系统矛盾的双重特性：稳定和变化。每一个适应性循环都同时连接上下两个层次的系统循环，低层次结构简单的系统运行速度快，不断向复杂系统结构演替，而高层次结构复杂的系统运行速度则比较缓慢，趋于稳定，系统内部不同阶段的循环通过记忆或反抗构成螺旋上升的模型，形成扰沌模型（Gunderson & Holling，2002）。

自适应性循环模型及扰沌模型为城市社会生态系统多尺度、多时空变化的特征提供了可视的过程模型，这个模型比较形象地定义了城市复杂系统的变化过程，为城市安全研究提供了新的思路与角度。

第三章
城市空间发展与景观格局过程

  随着城市建设用地扩张进入快车道，社会经济要素的流动速度、频度持续增长，城市规模、密度、空间形态与功能结构也随之发生显著变化。与此同时，急性冲击和慢性压力在快速发展进程中的不断累积使得城市发展面临着前所未有的潜在风险，城市安全发展环境堪忧。从景观格局视角厘清城市外部拓展与内部功能调整的动态演化过程不仅是认知城市空间发展与城市安全关系的重要基础，也是安全导向下城市发展模式构建的基本途径。本章以市区及中心城区两个空间尺度从类型结构、扩张转移、景观格局变化三个方面定量刻画沈阳市空间发展动态发展过程，为认知沈阳市的空间发展过程、探讨城市安全与空间发展过程间的内在机理提供了基础。

一、研究区概况

  沈阳市地处辽河平原中部、东北大平原南部，东部为辽东丘陵山地、北部为辽北丘陵，地势向西、南逐渐开阔平展，地形由北东向南西、两侧向中部倾斜，沈阳市区平均海拔135.5米。沈阳市形成"东山西水"的山水格局：以浑河为分界，北部从哈达岭东北向西南、南部从千山东南向西北分别延伸至沈阳市内；以辽河为界，北部水脉由北向南、南部水脉自东向西分别汇集或流经辽河、城市西部地区。市区内主要有辽河、浑河、蒲河、北沙河、新开河、南运河等河流及棋盘山、石人山、陨石山、响山等山脉组成的东部生态廊道区。

沈阳市为东北亚的地理中心、辽宁省省会、我国副省级城市，地处东北亚经济圈和环渤海经济圈的中心、东北振兴以及辐射东北亚国际航运物流中心，是"一带一路"向东北亚、东南亚延伸的重要节点。2015年市区年平均人口529.15万人、建成区面积465平方千米、市区生产总值5891万元、城镇化率达到80.55%，是东北地区人口、经济规模最大的中心城市之一，也是东北地区唯一的特大城市。沈阳市区包括主城区及苏家屯、张士、道义、十里河、虎石台、新城子等新城区（组团）。

在城市发展进程中，为适应城市更新发展及功能结构优化，沈阳市逐步实现了对铁西工业区的改造、大东工业区的扩建并新建北陵工业区和沈海工业区，辉山农业高新技术、经济技术、张士、道义、虎石台、浑南新区等众多开发区设立，城市功能结构得到完善；在城市治理中，沈阳市积极进行南运河的生态环境整治、大气污染防治等多项工程，生态环境得到显著改善，成为联合国认证的全球25个可持续发展的大城市之一。

与我国大多数特大城市类似，沈阳市在进入21世纪以来城镇化率得到快速提升，城市建设用地规模持续拓展，在一定程度上呈现出低效粗放的蔓延式开发模式。与此同时，城市面临着众多安全发展问题，这些安全问题不仅包括来自自身层面的大气污染、热岛效应、交通拥堵等慢性压力等，也有来自外部环境层面的突发火灾、暴雨内涝等急性冲击。例如，1996年的商业城特大火灾、2010年的万达广场火灾与城区特大内涝、2015年的严重雾霾污染等事件（见图3-1）。在城市扩张过程中还涉及生态安全等问题，如草地退化、林地破碎化现象导致的生物多样性降低、生态服务功能流失等。这些安全问题看似是简单的工程事故或生态、自然灾害问题，但究其本质是城市化进程中典型的人地关系问题，与城市规模扩张、密度提升、形态无序、功能紊乱等发展问题紧密相关。

图 3 - 1　城市面临的安全问题示例

　　为实现研究的精确性及科学性，本书对研究区范围进行相关界定：辽中区因 2016 年实现撤县设区未纳入研究中；为此，本书的沈阳市主要是指沈阳市区范围（见图 3 - 2），包括大东区、皇姑区、东陵区、沈河区、沈北新区、于洪区、铁西区、苏家屯区、和平区 9 区。中心城区则主要依据 2015 年中心城区建设用地斑块及夜间灯光数据进行综合界定（图 3 - 2 中的虚线范围）；1985 年、1995 年、2005 年中心城区范围则主要结合相近年限规划功能用地现状图及建设用地斑块连续性进行综合界定。依据等间距系统采样方式，沈阳市被划分为 3279 个 1 千米×1 千米的完整样地单元及 404 个不完整样地单元，共得到 3683 个基本样地单元，形成本书的基本研究尺度。

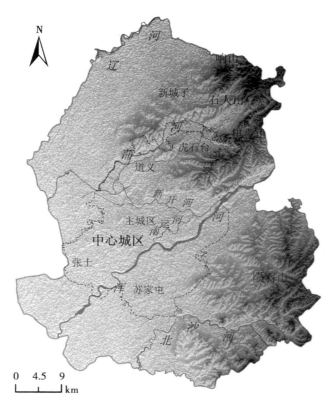

图3－2　沈阳市区位图

二、数据来源与研究方法

（一）数据来源与处理

利用地理空间数据云官网（http：//www. gscloud. cn／）开放下载的 Landsat 系列遥感影像数据库，以1985年、1995年、2005年及2015年四期覆盖沈阳市的卫星影像（条带号：119/31）作为基础数据源。在遥感影像处理软件 ENVI 5.1 支持下进行校正、融合、镶嵌、裁剪等预处理工作，将遥感影像坐标系统转换为 GCS Krasovsky 1940 地理坐标系和 Albers 投影坐标系。根据《土地利用现状分类标准》（GB/T 21010—2007），利用 ArcInfo Workstation 进行人机交互式判断解译，解译精度达到 90% 以上，共划分为 6 类一级地类、20 类二级地类，包括耕地（旱地、水田）、林地（有林地、灌木林地、疏林地、其他林地）、草地（高覆盖草地、中覆盖草地、低覆盖草地）、建设用地（城镇用地、农村居民点、工交建设用地）、水域（水库/坑塘、河渠、湖泊、滩地、海涂）、未利用地（裸土地、裸岩、沼泽地、沙地）；依据91卫图官方软件下载四期覆盖沈阳市的遥感卫片数据（数据精度：1985～1995 年为 14 米，2005～2015 年为 3 米），并在 Arcgis 10.1 软件平台下进行镶嵌、裁剪及矢量化处理。同时，为进一步分析中心城区城镇用地变化，通过调研获取相近年份的沈阳市总体规划（1980 年、1995 年、2010 年）及城市总体规划修编（2005 年）中心城区土地利用现状图及规划图，在 ArcGIS 10.1 中进行配准、空间坐标转化及矢量化，依据《城市用地分类与规划建设用地标准》（GB 50137—2011），将城市建设用地划分为城市居住用地、公共管理与公共服务用地、商业服务业设施用地、工业用地、物流仓储用地、道路与交通设施用地、公共设施用地及绿地与广场用地 8 类，得到四期沈阳市中心城区土地利用图，并补充至城镇用地中。

具体数据处理流程如图 3-3 所示。

依据数据处理流程得到沈阳市 1985 年、1995 年、2005 年及 2015 年四期土地利用数据，数据来源及处理结果如表 3-1 所示。

（二）研究方法

1. 结构稳定性指数

城市土地利用类型具有不规则性、复杂性和不稳定性等特征；分析其类型结构变化不仅需要关注土地利用变化状态，同时也需要注重土地利用

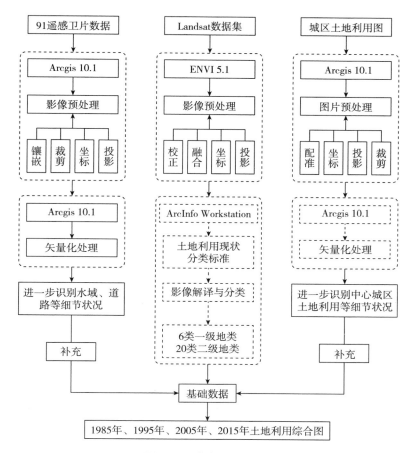

图 3-3　数据处理流程

表 3-1　沈阳市土地利用数据来源及其处理结果

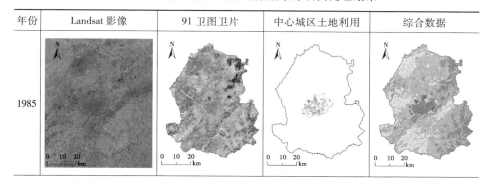

年份	Landsat 影像	91 卫图卫片	中心城区土地利用	综合数据
1985				

年份	Landsat 影像	91 卫图卫片	中心城区土地利用	综合数据
1995				
2005				
2015				

景观的稳定性结构。分形理论是从分形几何学出发描述自然界中空间格局复杂性的有效方法（吴晓伟等，2018）。借鉴分形维数可以分析多种景观特征的不规则空间结构斑块特征，将其变化趋势进行定量化，揭示其复杂空间格局变化的内在规律。Mandelbort 提出分形概念，研究分形几何体的形态结构，构建了表面积 $S(r)$ 与体积 $V(r)$ 之间的关系式，如下：

$$S(r)^{1/D} \sim V(r)^{1/3} \tag{3-1}$$

根据式（3-1）可以推导出 n 维欧式空间的分形公式，如下：

$$S(r)_n^{1/D} - 1 = K \times r^{n-1-D_{n-1}/D_{n-1}} \times V(r)^{1/n} \tag{3-2}$$

令式（3-2）中 $n = 2$，$A(r)$ 表示 r 斑块的面积，$P(r)$ 表示斑块周长，进行对数变换，得到：

$$\ln A(r) = 2\ln P(r)/D + C \tag{3-3}$$

式中，D 为分维数，C 为常数。根据 Mandelbort 的研究可知：布朗运动的线—线函数的分维数为 1.5，当 $D = 1.5$ 时表示图形处于一种类似布朗运动的随机状态即最不稳定状态，而越接近 1.5 时，则表示要素越不稳定。基于此，定义土地利用类型结构的稳定性指数（SI）为：

$$SI = |D - 1.5|$$

式中，SI 为稳定性指数，SI 值越大表示土地利用空间结构越不稳定；$D \in [1, 2]$，D 值越大表明土地利用斑块的形态越复杂。

2. 土地利用动态度

动态度测算模型包括单一土地利用动态度及综合土地利用动态度，用以分别测度单一及总体地类的变化速度；其值越大，土地利用转换程度越剧烈、人类活动对自然环境系统的影响则越强（朱会义和李秀彬，2003）。单一土地利用动态度的计算公式如下：

$$K = \frac{U_b - U_a}{U_a} \times \frac{1}{t} \times 100\% \tag{3-4}$$

式中，K 为单一土地利用动态度；U_a、U_b 分别为研究期初和研究期末某土地利用类型的面积数量；t 为研究期初至研究期末的间隔年数。

综合土地利用动态度计算公式如下：

$$P = \left\{ \sum_{ij}^{n} (\Delta U_{i-j}/U_i) \right\} \times \frac{1}{t} \times 100\% \tag{3-5}$$

式中，P 为综合土地利用动态度，ΔU_{i-j} 为研究期初至期末第 i 类用地类型向其他类型土地转出的面积之和；U_i 为研究期初第 i 类土地利用类型的面积；t 为研究期初至期末的间隔年数。

3. 转移网络及地类活跃度

利用 ArcGIS 软件空间叠置功能考察研究区各地类转移交互情况，据此建立土地利用转移矩阵。同时，引入"土地利用转移流"指标对各土地利用类型的转移流强度进行测算（钟业喜等，2019），借助网络分析工具 Gephi 软件对其进行可视化，厘清研究区内各类用地的转移方向和数量。公式如下：

$$L_f = L_{out} + L_{in} \tag{3-6}$$

$$L_{nf} = L_{in} - L_{out} \tag{3-7}$$

式中，L_f 为土地利用转移流；L_{out} 为转出流；L_{in} 为转入流；L_{nf} 为土地转移流净值，其值为正，表示净流入，其值为负，则表示净流出。

地类活跃度主要借鉴社会网络分析中的程度中心性概念，用以测度各地类在转移网络中所处的角色和地位。其计算公式为：

$$C_D(i) = \sum_{j=1}^{n} X_{ij} \tag{3-8}$$

式中，$C_D(i)$ 为 i 地类活跃度，X_{ij} 为地类 i、j 间的转移强度（面积）。

三、城市土地利用的类型结构特征

土地作为人类经济活动的载体，必然受到人类活动的深刻影响，尤其是在城市地区。依据城市发展进程中的中心—外围模式，本节从市区及中心城区两个尺度视角对城市土地利用类型及内部功能结构特征进行分析，以探讨沈阳市土地利用类型及中心城区的功能结构变化演化状况。

（一）城市土地利用的类型及其稳定性

基于沈阳市四期土地利用数据，利用 ArcGIS 平台的融合工具对六大类土地利用进行融合分析并计算其面积及比例，得到沈阳市土地利用类型变化状况，如表 3 - 2 所示。

表 3 - 2　1985 ~ 2015 年沈阳市土地利用类型结构变化

地类	1985 年		1995 年		2005 年		2015 年	
	面积 （km²）	占比 （%）	面积 （km²）	占比 （%）	面积 （km²）	占比 （%）	面积 （km²）	占比 （%）
耕地	2429.77	69.92	2390.98	68.80	2301.43	66.22	1954.33	56.24
林地	342.80	9.86	319.82	9.20	324.74	9.34	298.68	8.59
草地	48.73	1.40	58.23	1.68	49.07	1.41	26.21	0.75
水域	86.85	2.50	89.53	2.58	88.75	2.55	100.48	2.89
建设用地	559.80	16.11	600.94	17.29	704.45	20.27	1085.63	31.24
#中心城区	154.48	4.45	231.24	6.65	334.23	9.62	616.35	17.74
未利用地	7.33	0.21	15.78	0.45	6.85	0.20	9.96	0.29

注：#表示建设用地内中心城区的状况。

在经济发展、城镇化等多重因素驱动下，沈阳市在 1985 ~ 2015 年的 30 年中耕地缩减最明显，其面积由 2429.77 平方千米下降至 1954.33 平方千米，所占比例则由 69.92% 急剧下降至 56.24%，年均缩减近 15.85 平方千米。2005 ~ 2015 年，耕地面积急剧缩减，10 年间耕地占比下降近 10%。与耕地相对应，建设用地出现持续扩张趋势，1985 ~ 2015 年，建设用地面积由 559.80 平方千米增长至 1085.63 平方千米，其所占比例则由 16.11% 上升至 31.24%。建设用地扩张速度出现"先缓后急"的阶段性特征：1985 ~ 2005 年，建设用地仅增长 154.65 平方千米，而在 2005 ~ 2015 年，建设用地则迅速增长了 381.18 平方千米。中心城区出现持续扩张现象，其面积在 30 年间增长近 4 倍并在 2005 ~ 2015 年呈现爆发式增长。对比耕地缩减及建设用地扩张的阶段性特点可知，沈阳市在 2005 ~ 2015 年受快速城镇化的影响最为显著，建设用地的急剧扩张导致耕地向非农用地转变，区域人地系统矛盾逐步凸显。而中心城区的持续扩张与我国大多数大中城市一样，逐步显现出薄而大的蔓延式拓展现象。作为区域重要生态系统用地的林地与草地面积总体出现小幅减少状况，其中林地面积由 342.80 平方千米减少至 298.68 平方千米，年均缩减 1.47 平方千米；草地系统在区域内整体占比不高，其所占比例由 1.4% 下降至 0.75%，面积减少近一半。受灌溉工程、河渠疏浚等综合因素作用，水域面积在研究期限内呈现一定的增长状况，其面积由 86.85 平方千米增长至 100.48 平方千米，水域面积的增加在一定程度上提升了区内农业发展、生态系统服务水平。未利用地所占比例整体较低，研究期内其所占比例均在 1% 以下。

从土地利用空间分布来看，建设用地主要位于沈阳市中心城区及各城镇组团，中心城区向浑河以南、市区东北—西南方向融合拓展；而耕地主要呈环状分布于中心城区外围地区；林地则集中分布在沈阳市东部地区，由怪坡、响山、石人山、棋盘山、陨石山等共同构成区域内重要的城市林地生态系统；草地夹杂于林地系统中，共同组成区内绿地系统。沈阳市河流相对较多，由辽河、蒲河、浑河、沙河、棋盘山水库等河流、水库构成沈阳市水域基本脉络。

土地利用变化不仅体现了土地资源的数量及质量，还突出反映在土地利用格局的动态演化方面。从景观生态学来看，土地利用的稳定性是其空间格局特征及生态过程持续性的表征，反映了区域土地利用方式与环境条件之间的内在协调关系。依据结构稳定性指数计算各土地利用类型的分维数及稳定性指数如表 3-3 所示。

表 3-3　1985~2015 年沈阳市土地利用类型分维数及稳定性指数

地类	1985 年		1995 年		2005 年		2015 年	
	D	SI	D	SI	D	SI	D	SI
耕地	1.229	0.271	1.193	0.307	1.125	0.375	1.086	0.414
林地	1.441	0.059	1.427	0.073	1.403	0.097	1.391	0.109
草地	1.464	0.035	1.405	0.095	1.237	0.263	1.327	0.173
水域	1.369	0.131	1.379	0.121	1.479	0.021	1.606	0.106

地类	1985 年		1995 年		2005 年		2015 年	
	D	SI	D	SI	D	SI	D	SI
建设用地	1.175	0.325	1.201	0.299	1.187	0.313	1.203	0.297
#中心城区	1.248	0.252	1.225	0.275	1.201	0.299	1.192	0.308
未利用地	1.973	0.473	1.906	0.406	1.819	0.319	1.453	0.046

注：#表示建设用地内中心城区的状况。

1985 年，草地、林地分维数均在 1.4 以上，林地及林地的斑块形态相对复杂，而未利用地、建设用地及耕地的稳定性指数均在 0.2 以上，表明未利用地、建设用地及耕地的斑块格局相对稳定。发展至 2015 年，分维数最接近 1.5 的地类为未利用地，最接近 1 的地类是耕地，表明在所有地类中，耕地的斑块形态较为规则，未利用地斑块则趋于复杂。1985 ~ 2015 年，耕地的稳定性指数持续增长，虽然城市扩张在不断侵占农业用地，但其内部破碎化现象相对较轻，耕地相对稳定，其形态则趋于规则；林地及草地虽然面积缩小，但在研究期内整体稳定性相对较弱、斑块格局相对复杂，稳定性具有逐步增强的趋势；水域、建设用地、未利用地等地类稳定性指数逐步下降，表明三大地类的斑块空间结构趋于不稳定，分析其原因主要是农村居民点及工矿用地的重复建设与无序扩张等，湖泊、水库、坑塘及河渠的规划建设与保护治理工作；但在建设用地中，中心城区稳定性显著增强，表明中心城区虽得到明显扩张但其斑块形态逐步趋于规则。

（二）中心城区功能用地类型及其稳定性

伴随人口的快速集聚及经济的迅速发展，沈阳市中心城区呈现出持续扩张的现象。分析其内部土地利用类型结构对于探讨其功能演变状况、功能转换现象具有认知基础作用。基于中心城区功能用地数据，对其进行融合分析、统计其面积状况如表 3 - 4 所示。

表 3 - 4 1985～2015 年沈阳市中心城区功能用地类型结构变化

地类	1985 年		1995 年		2005 年		2015 年	
	面积 (km²)	占比 (%)	面积 (km²)	占比 (%)	面积 (km²)	占比 (%)	面积 (km²)	占比 (%)
中心城区	154.48	100.00	231.24	100.00	334.23	100.00	616.35	100.00
居住用地	40.77	26.39	68.01	29.41	103.76	31.04	197.16	31.99
公共管理与服务用地	13.03	8.43	19.89	8.60	21.08	6.31	35.10	5.70
商业与服务业用地	1.38	0.89	5.98	2.59	13.84	4.14	25.72	4.17
工业用地	34.44	22.30	66.32	28.68	93.44	27.96	181.76	29.49
公共设施用地	14.73	9.54	2.73	1.18	4.37	1.31	9.64	1.56
绿地与广场用地	19.72	12.76	28.89	12.49	55.92	16.73	92.25	14.97
道路与交通设施用地	10.23	6.62	14.12	6.11	21.05	6.30	35.04	5.69
物流仓储用地	12.46	8.06	17.17	7.42	14.84	4.44	15.61	2.53
特殊用地	7.73	5.00	8.12	3.51	5.94	1.78	24.07	3.91

城市扩张主要以人类社会经济活动为主导，因此在沈阳中心城区扩张过程中，居住用地得到明显提升，其面积由研究初期的 40.77 平方千米迅速增长至研究末期的 197.16 平方千米，这主要得益于城市人口的持续增长。作为全国重要的重工业基地，沈阳市中心城区的工业用地也迅速得到增长，所占比例由 22.30% 提升至 29.49%，面积增长近 5.3 倍。公共管理与公共服务用地、物流仓储用地、公共基础设施用地、特殊用地等土地利用整体占比较少，在研究期内呈现一定的缩减状况。而商业与服务业用地作为经济发展的支撑要素，其面积由 1985 年的 1.38 平方千米迅速拓展至 2015 年的 25.72 平方千米，所占比例则由 0.89% 提升至 4.17%。交通是物质资源得以流动的基础性要素之一，城市的拓展必然导致交通路网及基础设施的完善，同时，交通也在一定程度上成为城市拓展的诱导性因素。1985～2015 年，沈阳市道路与交通设施用地由 10.23 平方千米扩张至 35.04 平方千米，所占比例则出现一定下降，由研究初期的 6.62% 下降至

5.69%，表明沈阳市交通及基础设施发展与中心城市扩张发展欠协调，交通基础设施建设具有一定的滞后性。城市作为自然与社会发展的有机系统，其内部生态协调系统必不可少。绿地及广场用地作为城市内部生态用地，是维持城市安全发展的重要组成部分。沈阳市绿地与广场用地面积由19.72平方千米迅速扩张至92.25平方千米，其土地利用比例由12.76%提升至14.97%。

中心城区是城市经济活动的主要聚集地，各类用地共同构成了社会经济活动的基本载体。但各类用地的空间布局呈现出显著的地域差异性特征，合理的土地利用空间格局可为资源的积聚与扩散、经济活动效益的提升提供基础性条件。1985～2015年，沈阳市中心城区逐步向区域西南、浑河以南地区扩张。城区居住用地由中心集聚分布逐步趋于多轴式拓展，这与沈阳市总体规划中沿交通出口路方向的"多轴向"扩展基本保持一致。沈阳市工业用地主要在铁西区、大东区集中分布，但随着城市扩张的加剧，原有工业用地的用地功能发生转换，工业用地范围逐步向城区郊外迁移，并在于洪、大东、皇姑、浑南、沈北新区等区域内形成组团状发展。商业与服务业用地仍然遵循着中心地理论的基本要素，呈散点状分布于交通沿线地区，并开始向郊区拓展，形成次级地价高峰值；绿地与广场用地主要由东陵、北陵、南湖、中山、劳动公园等绿地以及沿浑河分布的条带状湿地、草地组成。公共管理与公共服务用地由浑河以北散点式分布逐步拓展至浑河以南地区并在浑河以南呈现出组团状分布，其主要原因在于浑河以南地区形成众多高校集聚的大学城区域。公共设施、仓储等土地利用类型在中心城区零散分布。

利用结构稳定性指数对其功能用地形态的稳定性进行测算与评价，如表3-5所示。从中心城区土地利用稳定性来看，居住用地、商业与服务业用地、特殊用地三类土地利用类型稳定性指数整体呈现出增长趋势，地类斑块结构逐步趋于稳定，其中商业与服务业用地增长最为显著、景观空间结构最为稳定。公共管理与公共服务用地、工业用地、公共设施用地、绿地与广场用地、道路与交通设施用地及物流仓储用地等地类稳定性指数总体呈现下降趋势，斑块形态逐步趋于复杂，其中工业用地、道路与交通设施用地及仓储物流用地稳定性指数下降均在 0.9 以上，表明工业用地、物流仓储用地在中心城区分布的无序性特征，而道路与基础设施用地稳定性下降是由于道路扩张的方式主要为轴带式蔓延。总体来看，发展至 2015年，商业与服务业用地斑块形态最为稳定，居住用地、道路与交通用地、物流仓储用地及特殊用地之间复杂程度相当；而绿地与广场用地的斑块形态稳定性受道路绿化带影响使得其景观空间结构更不稳定；工业用地稳定性指数仅高于道路与广场用地的稳定性指数，表明沈阳市中心城区工业用地虽逐步外迁但局部斑块总体仍处于无序蔓延状态，沈阳市中心城区在未来发展中应注重提升工业用地的集约性，形成工业用地斑块的组团式布局，推动中心城区工业集群逐步外迁。

表 3 – 5　1985～2015 年沈阳市中心城区土地利用类型分维数及稳定性指数

地类	1985 年		1995 年		2005 年		2015 年	
	D	SI	D	SI	D	SI	D	SI
中心城区	1.25	0.25	1.23	0.28	1.20	0.30	1.19	0.31
居住用地	1.25	0.25	1.39	0.11	1.19	0.31	1.14	0.36
公共管理与服务用地	1.04	0.46	1.12	0.38	1.19	0.31	1.12	0.38
商业与服务业用地	1.24	0.26	1.29	0.21	1.27	0.23	1.09	0.41
工业用地	1.08	0.42	1.25	0.25	1.11	0.39	1.18	0.32
公共设施用地	1.08	0.42	1.12	0.38	1.06	0.44	1.16	0.34
绿地与广场用地	1.28	0.22	1.27	0.23	1.40	0.10	1.31	0.19
道路与交通设施用地	1.96	0.46	1.94	0.44	2.12	0.62	1.86	0.36
物流仓储用地	1.07	0.43	1.30	0.20	1.22	0.28	1.16	0.34
特殊用地	1.28	0.22	1.13	0.37	1.10	0.40	1.16	0.34

四、城市空间发展的时空分异特征

城市作为区域内社会经济活动的中心，其高度集聚的人口及经济活动对城市空间发展产生重要影响。土地利用不仅是城市空间发展的基本载体，其演化格局更是城市发展在地域空间内的表征要素之一。而人类活动强度作用于城市土地利用格局的重要影响突出表现在城市建设用地加剧扩张、生态用地持续收缩以及城市土地利用转换频度、速度及空间幅度的加快。为此，本节基于 ArcGIS 及 Gephi 软件平台，综合运用空间分析、网络分析及数理统计方法对沈阳市城市土地利用格局进行定量刻画，揭示沈阳市城市空间发展的时空特征。

（一）城市土地利用时空转移特征

1. 城市土地利用空间转移格局

地类转移是分析城市空间发展特征的基本途径之一。在 1985 年、1995 年、2005 年及 2015 年沈阳市四期土地利用数据基础上进行空间叠置、融合分析，形成沈阳市城市土地利用空间转移格局专题图（见图 3-4）。

近 30 年来，沈阳市土地利用转换速度与频度逐步加快，空间影响范围扩展显著。沈阳市区域土地利用转变面积达到 858.6 平方千米，占市区总面积近 25%，近 1/4 的土地均发生了用途变化、土地转移非农化趋势明显。在众多土地利用转移类型中，耕地向建设用地、林地向建设用地的转移占据主导地位，其转换面积高达 567.3 平方千米，占区域整体转换面积的 66.1%。这表明在城市化进程中，城市建设用地以不断侵占耕地、林地为代价实现城市建设用地规模的爆发式增长，而生态用地的持续破坏与收缩使得其生态系统的服务能力及城市安全的风险分担能力出现不断削弱的趋势。

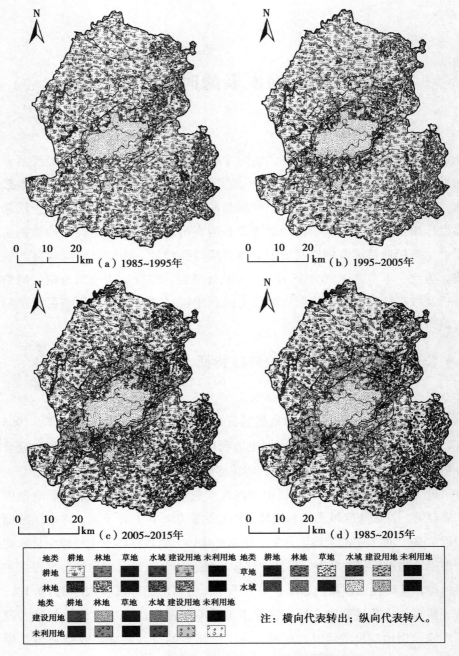

图 3-4　沈阳市城市土地利用转移空间格局

1985～1995 年，沈阳市城市土地利用主要以耕地向建设用地转移、林地向草地及建设用地转移为主，其转移面积均在 10 平方千米以上；其中耕地向建设用地的净转出量达到 27.3 平方千米，林地向草地的净转出量为 12.6 平方千米。从其空间分布来看，受"七五"和"八五"期间积极控制中心城区规模影响，城市建设用地扩张速度相对缓慢，空间格局主要呈现外围圈层式及内部填充式拓展，部分转移地类则以散点状分布在市区内中心城镇拓展或工矿用地的开发利用。林地向草地的转移则以组团状分布于陨石山、棋盘山等生态屏障区，其原因主要是交通基础设施建设加剧了沿线地区林地的破坏、农村经济的发展驱动了林地地区的乱砍滥伐现象的出现。值得说明的是，这一时期城市建设用地规模虽得到一定程度扩张但总体发展速度相对缓慢，农村及中小城镇的扩张占据主导地位，城市东部生态区整体得到较好保护。

1995～2005 年，耕地与建设用地间、林地与草地间、林地与建设用地间的转移成为这一阶段的主要转移类型，这三类用地间的转移面积达到 170 平方千米，占总转移面积的 78.3%；其中耕地转建设用地的面积高达 120.5 平方千米，相较于 1985～1995 年，其转移量增长近 3 倍，占据这一时期的土地利用格局转变的主导地位。林地与草地间的转移方向出现反转，草地向林地转变，净转移面积达到 9.5 平方千米，在一定程度上实现了对第一阶段林地面积的逐步恢复。此阶段，伴随第三轮城市总体规划的稳步实施，城市建设用地得到快速扩张，中心城区建设用地范围进一步拓展，浑南地区得到开发，东北—西南向的城市总体开发格局逐步显现。同时，受城市规划的分散组团式格局影响，新城子、虎石台、苏家屯等组团地区建设用地均得到明显增长。中心城区扩张开始侵占浑河北岸林地防护带，促使林地向建设用地转变。

2005～2015 年，《东北地区振兴发展规划》开始实施，沈阳市被定位为东北地区唯一特大城市，常住人口及城市建设用地面积上限分别为 725万人与 720 平方千米。全国范围内的高速城镇化导致的城市建设用地蔓延式扩展现象成为常态。在政策导向及全国发展背景协同影响下，沈阳市土地利用转换频度及幅度明显加快，土地转移的非农化特征显著。这一时期，城市建设用地呈现出爆发式增长，其面积增长逾381平方千米，各地类向建设用地转变的面积均实现急速增长。耕地、林地、草地向建设用地的转移面积分别达到403.1平方千米、32.2平方千米及10.4平方千米，此三种地类的净转出量分别为335.7平方千米、29.5平方千米和9.5平方千米。与此同时，耕地保护红线的政策导向则在一定程度上导致了林地、草地、水域等地类向耕地的转入，破坏了生态系统的完整性与平衡性。这一阶段，城市建设用地范围持续扩张，形成中部成团、北部成环、东南和西南成带的总体格局，东北—西南向城市开发方向进一步深化，浑河以南地区得到快速填充式发展。东部生态系统用地面积持续收缩，棋盘山西部距中心城区相对较近，生态林地在城市扩张进程中遭到严重破坏，而其南部及东部地区受沈抚一体化（沈抚新区）影响而导致一定程度的流失；陨石山受工矿建设用地侵占出现明显的破碎化。林地、草地与耕地间的转换相对突出，其中林地、草地转耕地多出现在东部生态屏障区内，而耕地转向林地及草地则分布在生态屏障外围地区。

总体来看，沈阳市城市建设用地扩张成为1985~2015年的主导旋律，但受经济发展及政策导向作用，其扩张速度呈现出典型的阶段性特征，空间发展也兼具内部填充、外围拓展、组团扩张等多种模式。建设用地侵占耕地、生态用地（林地、草地）的持续收缩是研究期内沈阳市空间发展的重要现象。以上发展模式或现象的产生表明了城市土地利用空间过程受经济发展格局、国家政策导向、城镇化速度等众多因素交互影响而呈现出速度阶段性、地域差异性等特征。

2. 城市土地利用转移网络特征

网络是流空间内要素相互作用的基础概念图，土地作为城市空间内的重要因素，其空间转移现象的本质是地类要素间的相互作用关系，其关系状况可通过网络内众多指数进行测度（徐羽等，2016）。土地利用转移网络不仅能够直观地展现地类间的相互转换情况，还可以测度土地利用类型转移的活跃程度，更用于揭示各用地类型变化方向，识别某一时段内土地利用转移的空间演化进程。本小节基于沈阳市城市土地利用转移格局进行融合统计，得到各地类间的相互转移关系，借鉴 Gephi 软件及社会网络分析方法进行空间展示（见图 3 - 5）及相关测度。

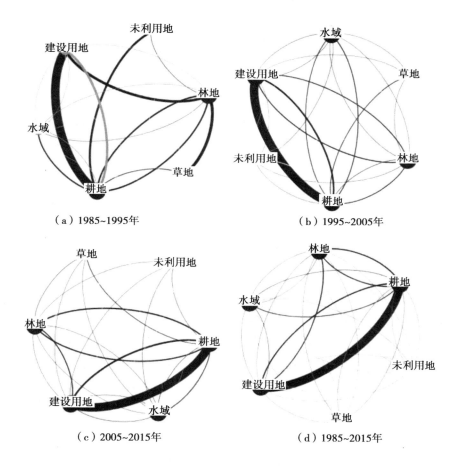

图 3 - 5　沈阳市城市土地利用转移网络

注：节点的大小表征地类中心度，线条粗细表征地类间相互转移量。

社会网络分析中的节点中心性是用于测度节点要素在网络中所处的角色和地位的量化指标（冯兴华等，2018）；网络中心势从网络结构视角出发量化整体网络的中心性，可以反映网络的均衡性状况。借鉴这一概念及测度方法，将其运用至土地利用转移网络中可用于量化各地类转移活跃程度及转移网络的结构特征。1985～2015年，在沈阳市各地类中，耕地及建设用地的活跃程度分别为0.439和0.411，二者的活跃程度占据整个网络的85%，而林地、草地等其他地类活跃程度相对较低，仅占15%。耕地及建设用地活跃程度高的原因存在一定差异性，具体表现在耕地的面积基数较大、与各地类间的相互转换量相对较高，而建设用地受城市扩张影响则集中表现在以单向转移为主，即各地类转向建设用地。三个时间段内，地类间的活跃程度大小表现为：耕地＞建设用地＞林地＞草地＞未利用地＞水域。耕地及建设用地活跃程度均呈现出增长状态，二者是整个转移网络的中心，其中建设用地活跃程度变化最显著，而林地、草地、未利用地及水域出现下降趋势，水域作为化解城市风险的重要地类之一，由于其面积相对较小、转换程度相对较难而下降相对较小。地类活跃程度的变化趋势还显示出了沈阳市耕地及建设用地间的活跃程度差异持续缩小，二者的绝对差异由0.058下降至0.041，这一现象表明耕地虽在城市土地利用转换频度与转移规模中占据主导地位，但其主导性呈现逐步减弱的趋势，而建设用地主导性则呈持续增强状态。这表明在城市扩张进程中若不对生态用地及耕地实施相应保护措施，建设用地将在土地利用转换网络占据核心地位。在城市安全发展环境背景下，建设用地的持续扩张使得其面对众多安全扰动因子的化解能力不足、城市风险暴露性将大幅增长。网络中心势显示：三个时间段内，沈阳市土地转移网络中心势由10.07%提升至22.94%，表明转移网络结构不均衡性显著提升，各地类间的转移状况对主导地类的依赖性逐步增强。依据地类中心性分析可知，建设用地及耕地在研究期间均处于整个网络的主导地位，其垄断性随着转移规模的增大得到显著提升，突出表现在建设用地的空间转移上。

土地利用转移网络直观显示了各地类要素间的相互转换状况。在城市地区社会经济活动强度不断提升的背景下，沈阳市在研究期内各地类间均存在地类转移状况，共36种土地利用转移关系。而在土地利用转移网络中，耕地、建设用地及林地间的相互转换成为1985～2015年的主要转移流。从三个时间段来看，第一阶段（1985～1995 年），耕地、建设用地及林地间的转移流强度达到 75.8 平方千米，在所有地类转移流中占比为 65.6%，这一时期的地类转移网络总体相对均衡，草地、水域及未利用地均出现一定规模的转移现象。第二阶段（1995～2005 年），耕地、建设用地及林地间的总转移量达到 167.7 平方千米，占所有土地转移流的 77.2%，地类转移流的规模得到提升，突出表现在建设用地扩张侵蚀生态空间、农业用地空间。第三阶段（2005～2015 年），快速城市化背景下的城市用地规模扩张迅速，这一背景同时也加速了城市用地的转换频度与幅度，主要转移流强度高达 600.8 平方千米，在总体转移流网络中占比高达 82.7%，转移流规模较第二阶段增长近 3.5 倍，其在网络中占比提升 5.5%；表明这一阶段城市用地转换强度大幅度提升，建设用地的持续扩张成为城市空间拓展的主要发展趋势。在各研究阶段，耕地与建设用地的相互转换关系是转移网络中的优势流，其中建设用地对耕地的净转入量在三个阶段分别达到了 29.3 平方千米、101.3 平方千米及 335.7 平方千米，占建设用地总转入面积的比例由 54.9% 提升至 73.3%，城市建设用地扩张的主要用地来源为耕地。值得说明的是，耕地虽为城市建设提供了相对充裕的拓展空间，但从城市韧性发展或城市安全发展环境建设来看，耕地的非农化转移拉近了生态与建设用地的空间距离，城市安全发展的缓冲空间受到收缩。这不仅加剧了城市地区发展的人地矛盾，也不利于实现城市风险的快速分担和层级缓冲。

3. 城市土地利用动态变化格局

由转移网络及其空间格局可知，沈阳市土地利用变化速度与幅度明显加快，为进一步刻画沈阳市土地利用总体及地类变化速度及其空间异质性特征，本小节结合前人研究选取动态度分析模型对城市土地利用动态格局进行分析并从网格尺度出发探测其变化的空间格局状况。

1985～2015 年，沈阳市综合动态度达到 31.1%。近 30 年来，沈阳市城市地区土地利用变化剧烈、人类活动对自然环境系统的影响显著。其变化程度受城镇化水平、区域发展政策影响而呈现出显著的阶段性特征：

1985～1995 年，沈阳市综合土地利用动态度仅为 3.2%，城市化的缓慢发展使得中心城区扩张幅度相对较小，同时，社会经济活动对自然生态系统影响较弱。而在 1995～2005 年、2005～2015 年这两个阶段，在快速城市化建设需求的影响下，沈阳市综合土地利用动态度呈迅速上升趋势，达到 29.5%，表明城市的快速发展加大了自然环境的需求，高密度的人口及建筑也提升了城市生态系统供应的压力，城市可持续发展面临潜力不足状况。从各地类来看（见图 3－6），耕地、林地、草地三种地类面积总体呈现下降趋势，而水域、建设用地及未利用地则呈现增长状态，其中中心城区用地规模增长最迅速。耕地面积下降速度由第一阶段的 0.16% 增大至第三阶段的 1.15%，但由于耕地规模基数较大，其绝对的收缩面积在地类中仍处于主导地位；林地的收缩速度在三个时间段内由 0.67% 上升至 0.8%，草地面积由 1985～1995 年增长 1.95% 转换为后两阶段的持续收缩，其收缩速度在 2005～2015 年达到 4.66%。水域、未利用地面积呈现出 S 形的曲线变化格局，二者在研究期内均实现一定程度增长，其增速分别达到 0.52% 及 1.2%。建设用地面积持续扩张，扩张速度在三个时间段内

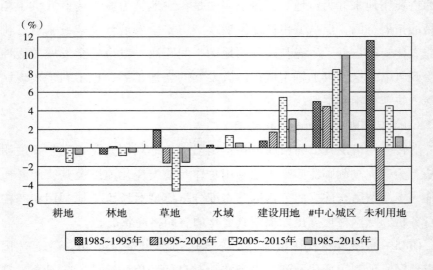

图 3－6　沈阳市各地类土地利用变化速度

出现持续增长趋势，由 1985~1995 年的 0.73% 增长至 2005~2015 年的 5.4%。作为建设用地的重要组成部分，中心城区用地规模面积持续增长，增长速度在 2005~2015 年达到 8.44%，表明这一时期是中心城区空间发展的快速增长期，其扩张规模与速度均得到大幅度提升。

为进一步分析沈阳市土地利用变化速度的空间异质性特征，把握城市空间系统对人类活动强度响应的空间格局，将沈阳市按照等距离采样方法划分为 1 千米 × 1 千米的样方尺度并测算各网格内的土地利用动态度状况。根据动态度值域范围，利用 Nature Breaks（Jenks）分类方法将其划分为急剧变化区（>70%）、快速变化区（50%~70%）、中速变化区（30%~50%）、慢速变化区（10%~30%）及缓慢变化区（<10%）5 类（见图 3-7）。

从各等级变化区的面积及空间分布来看，快速变化区和急剧变化区面积在 1985~1995 年仅为 29 平方千米，多以散点状分布在中心城区外围地带或中心城区内，表明这一时期的中心城区扩张相对滞缓，在扩张模式上主要以间隙填充为主，在扩张方向上则未有明显的指向性特征。1995~2005 年，沈阳市快速变化区和急剧变化区面积达到 107.2 平方千米，主要以带状及散点状并存模式分布于中心城区周边。其中带状分布主要位于中心城区北部及西部地区，散点状则主要分布在浑河沿线或苏家屯地区，这一阶段显示出东北—西南向为沈阳市整体拓展方向，城市空间开发格局则为西拓—南联。沈阳市在 2005~2015 年进入城市空间发展的高速期，快速变化区和急剧变化区面积达到 377 平方千米，中心城区外围地带基本形成了环状快速变化区，浑河以南、新城子等地区土地利用变化速度明显加快，而道义、张士、虎石台等组团地区随着中心城区的扩张而逐步融合，这一时期的土地利用动态发展主要特征为建设用地扩张、耕地与林地收缩。在研究期内，沈阳市快速变化区和急剧变化区面积为 569.6 平方千米，其面积与中心城区建设用地扩张基本相似；其空间分布基本围绕中心城区集聚，表现出较强的空间近邻效应，原因在于沈阳市城市土地利用空间发展主要是建设用地的持续扩张。在城市发展需求及空间开发模式下，中心城区外围地带整体呈现快速转换的变化特征。

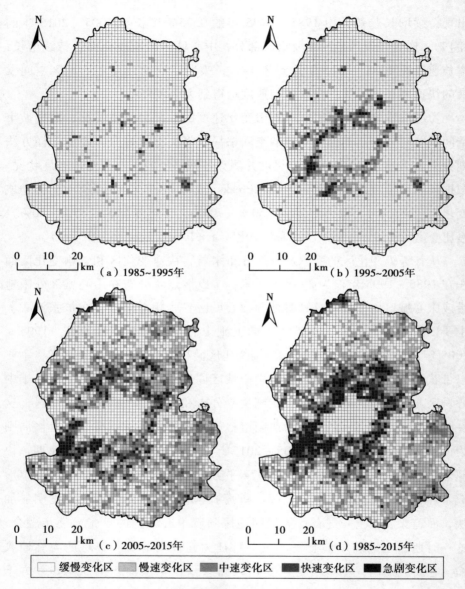

（a）1985~1995年
（b）1995~2005年
（c）2005~2015年
（d）1985~2015年

☐ 缓慢变化区 ▨ 慢速变化区 ▨ 中速变化区 ▨ 快速变化区 ■ 急剧变化区

图3-7 基于网格尺度的沈阳市土地利用动态变化

　　利用全局空间自相关对沈阳市土地利用变化进行空间关联性探测，结果显示：1985~2015年，沈阳市土地利用动态变化全局空间自相关系数

（Moran's I）为 0.612（Z - Score = 72.861），表现出正向的空间关联性，动态度属性相似地区具有明显的空间临近或地域集聚特征。在三个时间断面下全局空间自相关系数由 0.275 提升至 0.523（P - Value 均通过检验），总体呈波动上升趋势，表明沈阳市土地利用动态变化逐步形成相对稳定的热点区。值得注意的是，1995～2005 年，沈阳市土地利用动态度的全局自相关系数达到三个时间断面内的最大值，该阶段中心城区空间发展模式主要为圈层式拓展，高速变化区均分布在中心城区外围地带，这一扩张模式促使空间自相关系数的进一步提升。而在 1985～1995 年，由于主要是以间隙式填充为主，空间临近关系相对较弱、动态变化热点区相对分散。2005～2015 年，沈阳市土地利用变化幅度较大、频度较快，加之中心城区—多组团的空间开发模式影响，空间自相关系数出现一定幅度的下降。

沈阳市土地利用动态变化具有显著的空间集聚特征，为此利用动态度对其进行空间热冷点分析（见图 3 - 8），用以识别城市动态变化热点区，为城市空间发展提供一定的认知基础。

1985～1995 年，沈阳市变化次热点以上区域均以散点分布格局为主，主要为中心城区拓展或市区中小城镇地区的建设用地扩张，而在陨石山地区则由于林地与草地间的相互转换而成为变化热点区域。1995～2005 年，中心城区外围地带形成半环状热点区，在苏家屯及虎石台等组团地区也出现热点变化现象，浑南地区土地利用变化速度开始加快，形成动态变化的温点区。伴随城市建设用地扩张，2005～2015 年，中心城区外围地带环状热点区持续增大并在地域空间内具有显著的指向性特征，浑南地区得到快速发展，辽河沿线地区水域用地逐步转换成耕地，东部生态廊道区在这一时期出现地类转换现象。总体来看，沈阳市土地利用动态变化热点区主要集中在中心城区外围拓展区，在空间上逐步出现散点—条带—环状的演化格局，这一演化格局与沈阳市城市扩张模式密切相关。同时，生态屏障区逐步出现地类转换，依据地类空间转移可知其主要为林地转向耕地及草地，生态用地遭受一定程度破坏，生态用地规模出现收缩趋势。

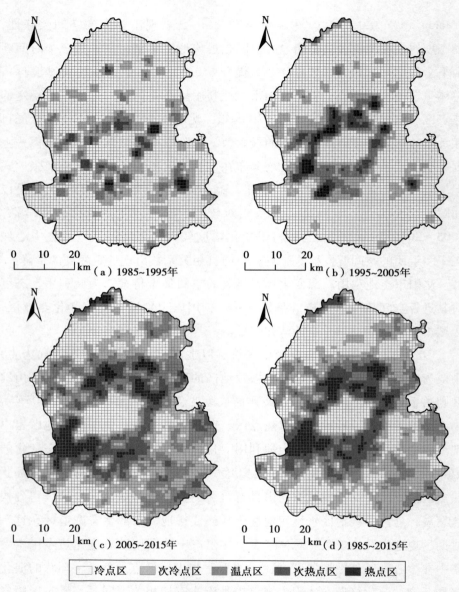

图 3 - 8　沈阳市土地利用动态度热冷点格局

（二）中心城区扩张及其用地功能转换

中心城区扩张是城市化过程最直接的表现形式，也是城市空间发展与布局结构的核心组成部分，探析中心城区扩张及其功能转化不仅有助于认知城市蔓延的阶段性特征，也有利于厘清城市用地功能发展状况，发掘其功能转换的内在驱动力。由城市空间发展可知，沈阳市中心城区经历了缓慢拓展、快速拓展和高速蔓延式扩张三个发展时期。为认知沈阳市中心城区扩展及其功能转换状况，本小节从中心城区扩张状况、用地主要来源及用地功能转换三个方面对其进行分析。

1. 中心城区扩张状况

基于城市空间扩张的年轮模型，利用 ArcGIS 10.1 软件平台对 1985年、1995 年、2005 年及 2015 年四个时间截面下的中心城区扩张图进行重心分析，并结合空间分析方法将其从圈层及 16 方向上的扩展状况进行统计分析，其中圈层拓展主要以 2 千米为基圆和步长进行空间统计，而 16方向则以正北方向为第一象限、顺时针划分为 16 个象限并进行空间统计，得到图 3 – 9。

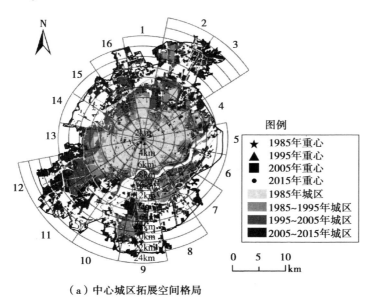

（a）中心城区拓展空间格局

图 3 – 9　沈阳市中心城区扩张格局及统计

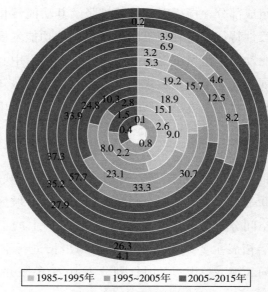

■ 1985~1995年　■ 1995~2005年　■ 2005~2015年

（b）中心城区圈层拓展统计

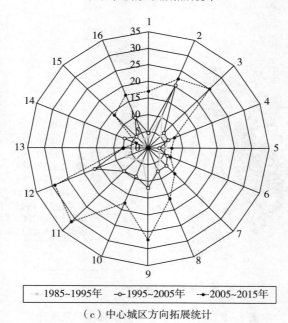

-●- 1985~1995年　-○- 1995~2005年　-●- 2005~2015年

（c）中心城区方向拓展统计

图 3-9　沈阳市中心城区扩张格局及统计（续）

从空间重心来看：沈阳市中心城区重心移动轨迹主要以南向为主，西南迁移特征显著。1985 年中心城区的重心坐标为（123.410°E，41.809°N），位于辽宁省林业局附近。1995 年，中心城区重心点向南迁移 0.978 千米，1985～1995 年，沈阳市高新技术产业开发区及桃仙国际机场修建、长白岛等地区建设使建成区与苏家屯之间填充了大量建设用地，这些交通基础设施建设、开发区建设以及建设用地的内部填充使得中心城区重心出现南向迁移。2005 年，重心开始向西北迁移，年均迁移幅度为 0.075 千米，随着道义、辉山等开发区建设，大学城建设及大规模房地产建设带动作用下，中心城区重心逐步向西北迁移。2015 年，沈阳市中心城区的重心快速向西南方向迁移，迁移距离达到 0.647 千米，这一时期，铁西新区建设、浑南新区运动场馆建设带动了中心城区建设用地的快速扩张，中心城区的西南向扩张使得张士组团与之基本连成一片。

从圈层拓展统计来看：1985～1995 年，中心城区主要拓展范围在距离1985 年重心的 4～12 千米环状范围内，在这一环状内的扩张面积达到62.2 平方千米，占总扩张面积的 73.9%，这一时期中心城区内得到间隙式填充，填充面积为 2.6 平方千米，最远扩张环处于 18～20 千米，与沈阳市 1985 年中心城区的初始形态紧密相关。1995～2005 年，中心城区在这一时期兼具内部填充及边缘扩展两种空间扩张模式，内部填充环主要为0～6 千米，填充面积相较于第一阶段有所增长，达到 11 平方千米，外部拓展范围则主要集中在 6～14 千米环状内，扩张面积达到 102.8 平方千米，占该阶段城市扩张总面积的 73.7%。这一时期中心城区扩张的触手远达 20～22 千米环内，但其在这一环内的扩张面积较小，仅为 0.2 平方千米。2005～2015 年属于中心城区的蔓延式扩张阶段，扩张面积相较于1995～2005 年增长近 1 倍，达到 262.2 平方千米，这一阶段的主要扩张环位于 8～22 千米处，其环状内扩张面积达到 92.7%。该阶段受虎石台、张士及苏家屯等组团的扩张影响，其环状拉伸幅度增长明显。总体来看，沈阳市中心城区扩张兼具外围圈层蔓延及内部填充发展两种模式，并在快速发展时期出现多中心组团发展格局，扩张圈层的空间幅度受空间扩张模式影响显现出较大的差异性。

从 16 方向上的中心城区空间扩张来看：1985～1995 年，中心城区扩张集中在边缘区，增长明显的方向为南方及东北方向；南方主要以第 9 象限为主、扩张面积达到 12.6 平方千米，主要受长白岛、满融等地区的建设影响促使苏家屯地区建设用地得到大幅度扩张；东北方向主要以第 2 象限为主，建设用地面积增长 10.3 平方千米，成为继第 9 象限之后的又一主导扩张方向，道义经济开发区建设对该方向上的建设用地扩张具有一定影响；随着城市周边地区的基础路网修建，第 3～8 象限及第 10～13 象限的 10 个象限内的建设用地扩张呈现出相对均衡态势，均在 3.5～6.5 平方千米区间内。这一阶段中心城区开发的空间指向性相对模糊。1995～2005 年，第 2 象限成为该阶段内的主要扩张方向，面积增长逾 20 平方千米，原因在于虎石台经济区建设及远郊房地产建设拉动了该象限内的城市规模增长。受铁西新区建设及铁西工业区外迁影响，中心城区在第 12 象限内得到快速扩张，扩张面积高达 16.7 平方千米。与此同时，在"一河两岸"及新城发展战略部署下，浑河以南的区域开发由点块状分布逐步与主城区形成连片发展，中心城区在该阶段内第 9 象限中增长了 12 平方千米。这一时期第 7、第 8、第 10、第 11、第 13、第 14 及第 16 象限内均得到一定程度扩张，扩张面积均在 7.5 平方千米以上；总体来看，这一阶段主要扩张方向以北方和西方为主。2005～2015 年，这一阶段的中心城区扩张主要以南、西南及东北方向最明显，其中南方主要以第 9 象限为主，面积扩张达到 27.4 平方千米，原因在于运动场馆建设、市政府南迁等工程项目建设使得浑南新区与苏家屯城区基本形成片状发展格局。而在西南方向主要以第 11 象限及第 12 象限为代表，受铁西工业区外迁及铁西新区建设影响，中心城区在这两个象限内增长逾 60 平方千米。第 2 象限及第 3 象限主要代表了中心城区在东北方向上的扩张，二者在该方向上的扩张总面积达到 47.7 平方千米，蒲河新城大规模建设及虎石台组团的快速扩张，中心城区外围工业用地的持续增长均是影响该方向中心城区扩张的重要因素。以第 1 象限及第 16 象限为代表的正北方向上扩张面积达到 34 平方千米，主要原因在于道义经济开发区的大面积基础设施建设使得建设用地得到显著增长。该阶段内的其他方向上，中心城区扩展面积总体达到三个时间段内的最大值。

2. 中心城区扩张用地主要来源

中心城区在经历三个时间断面的阶段性扩张后，规模得到显著增长。为厘清中心城区扩张的主要用地来源及地类转移格局，基于空间叠置及网络分析方法对其进行空间可视化与定量刻画（见图3－10）。

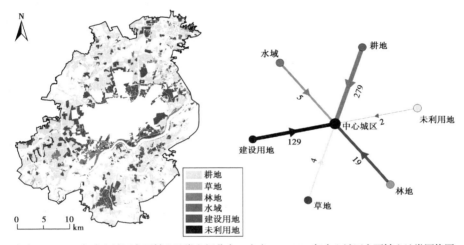

（a）1985~2015年中心城区主要转入地类空间分布　（b）1985~2015年中心城区主要转入地类网络图

图3－10　1985～2015年沈阳市中心城区扩张格局

沈阳市中心城区扩张进程中对各类用地均产生了侵占，但在各类用地上的扩张程度上具有明显的差异性与地域性特征。在研究期内，中心城区扩张主要以侵占农业用地为主，对耕地的扩张强度达到279平方千米，成为中心城区主导转入地类，中心城区对耕地的扩张主要出现在中心城区周边地带，基本形成环状分布格局，表明中心城区空间发展具有显著的近邻效应特征。而建设用地成为仅次于耕地的主要转入地类，流失面积达到129平方千米，从其空间格局来看，主要集中分布在1985年中心城区的外围地带及邻近中心城区的组团发展地区。主要原因在于城市在后续扩张进程中通过内部填充作用实现中心城区的建设用地连片发展，而虎石台、道义、苏家屯等组团地区在1985年距离中心城区相对较远，均属于远郊地带，但随着中心城区的快速扩张，上述组团地区均实现了与中心城区的融合发展，成为中心城区的组成部分，这是建设用地成为中心城区的主要转入地类的重要因素之一。中心城区扩张进程中在一定程度上压缩了绿色景观系统空间，林地及草地在中心城区的收缩面积分别达到19平方千米及4平方千米。林地及草地的流失大多为浑河以北的防护带以及紧邻棋盘山生态屏障区的城区扩张地带。众所周知，林地及草地等绿色景观系统能够有效缓解城市内涝、城市热岛效应、大气污染等城市慢性发展压力，中心城区对绿色景观系统的持续压缩将使得城市可持续发展能力进一步削弱、城市安全发展将面临众多潜在威胁。水域及未利用地转入中心城区的面积相对较少，其中中心城区对水域的侵占多以防护堤修建、沼泽地利用等途径为主。

3. 中心城区功能用地转换

中心城区功能用地作为城市物质空间的重要部分，是城市功能区形成的空间载体。加强中心城区功能用地的空间格局变化及其空间置换分析，是认知城市更新改造过程、厘清中心城区空间扩张与城市功能用地集聚和扩散之间关系的重要基础。

（1）主要功能用地的集聚与扩散。选取居住、商业与服务业、工业及物流仓储四类主要功能，以中心城区主要功能用地斑块面积为权重指标、以1千米为搜索半径进行核密度估计，利用Natural Break（Jenks）进行划分，最终制成1985年、1995年、2005年及2015年四个时间断面下主要功能用地的空间分布密度图（见图3-11），以刻画沈阳市中心城区主要功能用地的集聚与扩散状况。

在中心城区不断扩张背景下，沈阳市居住用地的空间分布整体呈现由中心逐步向外扩散的空间迁移特征，在中心城区大致经历了老城区内高度集聚、老城区与新城区间的填充、城区外围各方向上的逐步延伸、外围地区

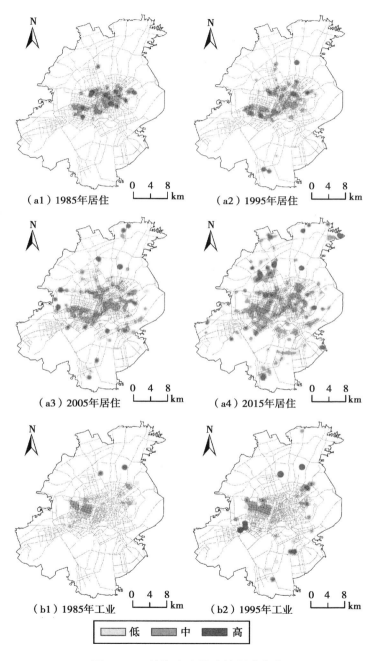

（a1）1985年居住

（a2）1995年居住

（a3）2005年居住

（a4）2015年居住

（b1）1985年工业

（b2）1995年工业

低　　中　　高

图 3-11　沈阳市主要功能用地密度

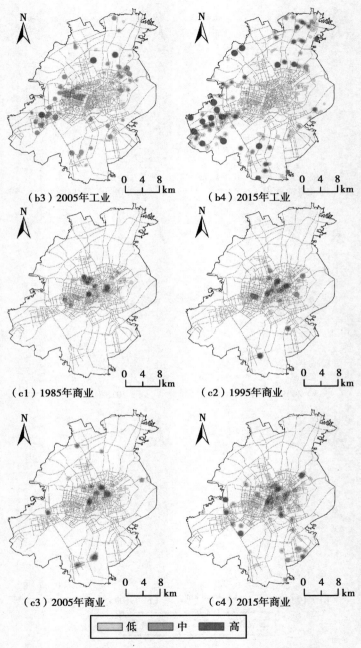

（b3）2005年工业

（b4）2015年工业

（c1）1985年商业

（c2）1995年商业

（c3）2005年商业

（c4）2015年商业

低　　中　　高

图3－11　沈阳市主要功能用地密度（续）

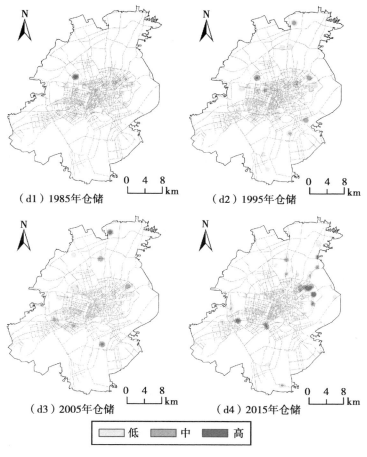

（d1）1985年仓储

（d2）1995年仓储

（d3）2005年仓储

（d4）2015年仓储

低　　中　　高

图3-11　沈阳市主要功能用地密度（续）

的逐步集聚四个发展过程，具有"集聚—填充—拓展—集聚"四个空间发展特征。1985年，居住用地集中分布在一环以内的老城区及沈阳火车站，铁西、大东、沈海及皇姑工业区周边地带。其中老城区及火车站附近建筑密度较大，多为居民住宅或单位大院等，由于铁西、沈海等工业区是当时沈阳市重要的重工业基地，其周边地带的居住用地均作为配套基础设施，主要供工业区内职工使用。1995年，中心城区的居住用地跨过一环路且在南北方向上均具有明显延伸，浑河以南地区的苏家屯组团居住用地得到显著扩张，北部地区则以道义街道与主城区内居住用地填充。这一时期，城市基础路网的修建在一定程度上推动了居住功能用地热点的外迁。受铁西工业区扩大影响，居住用地在中心城区内（铁西区与和平区）实现填充式扩张，使中心城区内居住用地基本连成一片。2005 年，居住用地沿交通线继续外迁并在二环以外出现相对集中的大面积居住区，但多呈散点状分布。大学城建设、大规模房地产建设使得居住用地在中心城区西北部沿西江街左右两侧形成密度高值区。受铁西新区及铁西工业区的集体外迁影响，城区西部地带形成四个高值区。浑河以南地区在浑南新区建设影响下，房地产建设发展迅速，浑河沿线地区基本转换为居住用地。虎石台职教城及基础路网的完善则拉开了虎石台组团地区的房地产建设大潮。这一时期的居住用地基本分布于三环以内。发展至 2015 年，沈阳市居住用地已突破三环线，在辉山、道义、沙岭、营城子等地形成高值区，原因在于经济区（开发区）与新城发展战略及道路基础网络的延伸推动了该类地区的房地产建设狂潮，而沈阳市"职住"分离结构也在一定程度上拉动了居住用地面积在三环外的持续攀升。居住用地在苏家屯及主城区间基本形成轴带状分布格局。值得注意的是，在西北部地带，以荷兰村为代表的居住用地面积进一步扩张，成为沈阳市内重要的居住功能集聚区。

作为传统的老工业基地，沈阳市工业用地分布随着城市功能区的优化调整及中心城区的扩张而逐步外迁至三环以外。1985 年，沈阳市中心城区的工业用地在铁西、沈海、大东、陵北、七二四、于洪等地区的集聚度相对较高，与居住用地基本形成相互补给的关系格局，其中铁西工业区面积最大。1995 年，工业用地面积出现一定程度增长，突出表现在洪仓库用地转换为工业用地、东站及二台子街道内工业用地的扩张；在浑河以南则以东陵区的王士屯、马总屯及营盘地区的工业用地增长为主。这一时期，苏家屯地区工业用地得到显著扩张，集中分布在苏家屯居住用地外围地带。2005 年，受铁西工业区整体西迁影响，工业用地在该地区内的集聚度出现一定下滑，以张士组团为核心的工业区逐步形成装备制造、汽车及医药化工等主导产业，在区域内形成密度高值区。中心城区东部地带的大东工业区则主要以汽车及轻工业为主，并逐步向外围拓展。在浑河以南则以浑南高新技术产业区为载体，形成以电子信息产业、铜铁冶金、建材产业为主的工业产业体系，浑南新区在这一时期逐步形成高值区，主要以高新技术产业为主。至 2015 年，铁西工业区整体搬迁逐步完成，中心城区二环以内的工业用地基本外迁。该阶段主要在中心城区西南部及东北部地区形成两大工业用地集聚区，基本实现中心城区内工业用地结构的优化，其中西南部以张士开发区、沈阳市经济技术开发区为主导，而东北部则以沈北辉山农业高新技术开发区、杨士开发区、道义开发区、沈阳欧盟经济开发区形成工业集聚区，这些开发区的设立及发展是实现工业用地外迁及优化调整的重要抓手。总体来看，沈阳市中心城区的工业用地基本经历了老城区内部的高度集聚向城区外围多点连绵状的发展历程，工业用地在老城区内基本实现整体外迁。

沈阳市中心城区的商业用地由沿交通线散点状分布逐步向中心地带的面状拓展格局转变。1985 年，中心城区内的商业用地面积较小且零星分布，未形成较大的商业中心区，多与居住用地、工业用地混杂布局。这一时期的商业用地在老城五区（铁西区、沈河区、大东区、皇姑区与和平区）内形成 5 个相对独立的商业用地高值区，商业用地主要以服务于工业及居住功能为主。1995 年，和平区及沈河区内的商业用地高值区逐步相连，形成片状格局，而皇姑区内的商业用地呈现出相对下降现象。这一时期，苏家屯组团、五三街道、新乐街道等地区随着交通路网的延伸或开发区设立而出现一定面积的商业用地地块。2005 年，商业用地在各组团地区均出现面积较大的地块，如张士、道义组团地区，而交通线的进一步完善也使得商业用地在二环乃至三环外均有布局。2015 年，随着工业用地的外迁及东北亚重要的商业中心、金融中心目标与"金廊"打造战略的确立，商业用地在中心城区连成一片，总体呈现出"中心连片、东西拓展、南北延伸"的"十"字形空间格局；西南部随着中心城区融合发展以及众多开发区、经济园区的设立而出现众多的大面积商业用地地块；南部的桃仙地区则受基础设施建设（桃仙国际机场）影响实现了商业地块面积的持续扩张。

区域分工理论认为，地域分工能够充分发挥资源、要素集聚等方面的优势，实现区域经济发展整体效益的提升（李小建等，2006）。沈阳市中心城区的物流仓储用地在四个时间断面下均呈散点状分布在工业用地周边地带，并随着工业用地外迁而逐步外迁，对工业用地具有显著的空间依附性特征。1985 年，物流仓储用地主要集中分布在中心城区二环以内，与工业用地基本形成镶嵌式空间分布格局，皇姑区西北部的舍利塔街道地区成为这一时期物流仓储用地面积高值区。1995 年，虎石台、苏家屯等城区，浑南地区孤家子及营盘工业用地的扩张使得其在该地区出现较大面积的物流仓储地块。2005 年，物流仓储用地随着工业用地的外迁而基本迁至二环以外，浑河站东街道、虎石台地区成为这一时期重要的物流仓储中心。至2015 年，中心城区的大型物流仓储地块均分布在工业用地周边地区，主要功能为原材料或成品储藏，而中心城区内部出现小规模地块，主要为规模相对较大的物流公司或基地。值得注意的是，这一时期的物流仓储用地多分布在中心城区一环与二环之间，相对便利的交通区位为资源、产品的集聚与扩散提供有利条件。

（2）中心城区用地功能转变。为更好地探讨中心城区用地功能间的转换关系，选取 2015 年中心城区范围为研究区域，利用空间分析工具依次对 1985 年、1995 年、2005 年及 2015 年四期土地利用数据进行裁剪、叠置及融合分析，统计中心城区内各功能用地间的转换关系（见图 3 - 12）。

在功能用地转换网络中，耕地、建设用地向工业及居住用地的转换成为中心城区的主要转移流，其转移强度分别达到 193.0 平方千米和 85.3平方千米。表明在中心城区及城市扩张进程中主要以居住用地、工业用地等形式实现对耕地的占用或建设用地功能的填充。耕地转向公共管理与公共服务用地、绿地与广场用地、道路与交通设施用地以及工业用地转向居住用地的面积均在 10 平方千米以上，此类强度转换在转移网络中占据辅助地位。总体来看，工业用地对社会经济快速增长的支撑作用以及快速集聚的城市人口对基础设施服务的需求是导致中心城区蔓延式扩张、耕地持续收缩的重要因素之一。

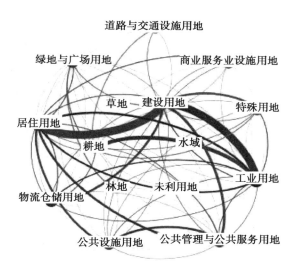

（a）1985~1995年

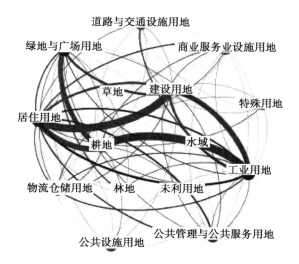

（b）1995~2005年

图 3-12　沈阳市中心城区各功能用地转换网络

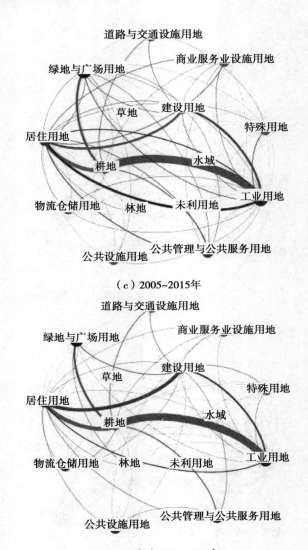

（c）2005~2015年

（d）1985~2015年

图3-12　沈阳市中心城区各功能用地转换网络（续）

注：节点的大小表征地类中心度，线条粗细表征地类间相互转移量。

　　具体分阶段来看：第一阶段（1985～1995年）：建设用地及耕地是该阶段中心城区功能用地扩张的主要来源地类，二者在这一阶段的收缩面积分别达到 17.1 平方千米和 49.3 平方千米。其中，耕地的收缩范围主要为老城区周边地带及浑南地区（满融、苏家屯等地区），呈现圈层式扩张但圈层扩张幅度相对较小，而建设用地的收缩则主要以间隙式填充方式在中心城区内部或边缘地带进行。居住用地及工业用地成为建设用地与耕地的主要转入功能用地，占此两类功能用地扩张面积的比例均在 57% 以上。同时，建设用地转公共服务与公共管理、物流仓储及特殊功能用地的面积也均超过 5 平方千米，其中物流仓储用地集中分布在工业用地周边，公共服务与公共管理用地则受城市基础设施建设或开发区设立等因素影响而主要分布在老城区外围地带。在内部功能转换进程中，公共管理与公共服务用地、公共设施用地向居住用地，公共设施用地向公共管理与公共服务用地，居住用地向工业用地的转移流强度均在 5 平方千米以上。从转移空间格局来看，前三类之间的转换基本分布于中心城区内部，以散点状零星分布为主，而受工业设施建设需求影响，居住用地与工业用地的转换主要在工业用地周边地带布局，这与 1985 年中心城区的"工居"关系格局密切相关。

第二阶段（1995~2005 年）：这一时期，建设用地及耕地仍是中心城区功能扩张的主要来源，但二者在空间收缩上存在明显反转，耕地的净流出量达到 65.7 平方千米，建设用地的净转出量仅为耕地的一半左右。在经历过第一阶段中心城区的内部填充后，老城区内的可利用建设用地资源基本消耗殆尽，随之而来的是中心城区不断剥夺周边的农业用地空间，在城区边缘的圈层扩张幅度明显提升。在耕地及建设用地收缩中，居住用地、工业用地及绿地与广场用地成为收缩地区的主导功能。从内部功能转换网络来看，居住用地的转换幅度较大，在该阶段内的转出量及转入量均超过 20 平方千米，转换活跃水平较高。其中居住用地转公共管理与公共服务用地、商业与服务业用地、工业用地及绿地与广场用地的单一地块面积较小，但转换总强度均在 3.5 平方千米以上，在空间上以零星地块沿城区主干道分布为主，值得注意的是，虎石台地区也呈现出相对显著的转换现象。公共管理与公共服务用地、工业用地、仓储用地及特殊用地向居住用地的转移流强度均在 2 平方千米以上，空间上主要分布在交通格网的中心地区或浑河沿线地带的建设用地扩张区。相较于第一阶段，整体转移网络的流量强度、功能用地要素参与度均得到明显提升，而城市功能用地结构随着转移网络的拓展在第一阶段基础上得到一定程度的扩张与优化。

第三阶段（2005～2015 年）：该阶段，耕地成为各类功能用地扩张的主导地类，净转出量达到 174.9 平方千米，其中工业用地、居住用地的占有比例总和达到 71.3%，绿地与广场、公共管理与公共服务、道路与交通设施三类功能用地面积均在 7.8 平方千米以上。从空间扩张格局来看，居住用地的扩张在大规模房地产和开发区建设带动下分布在道义、辉山、高新技术开发区、浑南新区等地。值得注意的是，浑南地区因大学城建设及开发区而得到明显填充，使老城区与苏家屯城区基本形成融合发展。工业用地则因整体外迁政策及交通设施建设影响在中心城区内和三环以外形成圈层式分布格局。从内部功能转移状况来看，居住用地、公共管理与公共服务用地、商业用地、工业用地四类功能用地间的转换成为转移网络的核心流，占总转移流强度的 44.4%。四类用地间的转换在空间上大体分布在中心城区二环以内，在最新拓展区的转换面积较小。值得注意的是，众多工业区的外迁完成推动了老城区内的居住用地及商业用地面积的显著增长，这一现象在铁西工业区表现得最明显。居住用地、公共管理与公共服务用地及工业用地向商业用地的转换基本遵循着中心地理论，主要分布在中心城区核心地带，基本沿交通主干道分布，此类功能用地的转换是优化城区商业环境、打造商业集聚区的核心途径之一。

总体来看，中心城区的功能扩张与转换过程受沈阳市空间拓展过程影响较大，在这一进程中，以工业为代表的经济发展要素成为沈阳市城市功能扩张的主导指向。在经历三个阶段的功能扩张与转换后，中心城区内部更新改造逐步完成，功能空间结构得到相对较好的调整，土地利用效率得到显著提升，功能要素在地域空间内均得到合理配置。中心城区内主要功能区形成集聚发展格局：工业用地整体外迁至三环外并在中心城区的东北及西南部地区形成集聚分布，商业用地在中心城区、苏家屯城区等地区的核心地带形成片状发展格局，居住用地则随着房地产与大学城建设逐步迁移至二环与三环之间，并在浑南及道义地区得到大面积拓展；道路与交通基础设施用地则以"多环＋放射"式格局由中心城区向外围得到延伸等。

五、城市景观格局的动态演化特征

　　土地利用变化是人地关系的直接体现，与人类社会经济活动强度紧密联系。土地利用变化直接影响景观格局，景观格局的动态过程则直接反映了土地利用变化特征。景观空间格局是指大小不一和形状各异的景观斑块在空间上的排列，是生态系统受到不同程度作用而产生的结果，影响生态系统的过程和功能（胡冬雪等，2015；张月等，2017）。本节基于景观生态学理论与方法，从景观类型水平、景观水平方面刻画城市整体及中心城区两个空间尺度的景观异质性和景观动态性特征，用以探究区域内景观结构组成及其空间配置关系。

　　景观指数能够高度浓缩景观格局信息，反映其结构组成和空间配置状况，可用来定量刻画或监测时间尺度下的景观结构特征和变化特征（刘小平等，2009）。本节基于沈阳市及其中心城区景观格局状况，结合前人对城市景观格局的研究基础，依据景观指数选择的总体性、常用性及简化性原则，选取斑块数量（NP）、边缘密度（ED）、斑块密度（PD）、平均斑块面积（AREA－MN）、最大斑块指数（LPI）、分维数（PAFRAC）、蔓延度（CONTAG）、连接度（CONNECT）、聚合度（AI）及香农多样性指数（SHDI）10个指标进行景观指数测度，指数均在 Fragstats 4.1 中计算得到。各指数的生态学意义及其相关分析尺度如表3－6所示。

表 3 - 6 相关景观指数及其含义

景观指数	分析尺度	景观指数含义
斑块个数（NP）	类型尺度	测度某一景观类型斑块的总数，描述景观异质性和破碎化程度；其值大小与景观的破碎度有很好的正相关性；一般而言，NP 值大，景观破碎度高；NP 值小，则景观破碎度低
斑块密度（PD）	类型/景观尺度	测度单位面积内的斑块数，刻画景观的破碎程度；PD 值越大，景观破碎化程度越高
边界密度（ED）	类型/景观尺度	测度单位面积内斑块边界长度，表征斑块形状不规则程度
最大斑块面积比（LPI）	类型尺度	某一斑块类型中的最大斑块占据整个景观面积的比例；其值的大小决定着景观中的优势种、内部种的丰度等生态特征；其值的变化可以改变干扰的强度和频率，反映人类活动的方向和强弱
平均斑块面积指数（AREA_ MN）	类型尺度	景观中所有斑块或某一类型斑块的平均面积；平均面积越小，斑块密度越大，景观破碎化程度越高
周长面积分维数（PAFRAC）	类型尺度	反映了景观类型斑块的形状复杂性和受人类活动的影响程度
蔓延度指数（CONTAG）	景观尺度	描述景观里不同斑块类型的团聚程度或延展趋势；高蔓延度值说明景观中的某种优势斑块类型形成了良好的连接性，反之则表明景观是具有多种要素的密集格局、景观的破碎化程度较高
景观连接度（CONNECT）	景观尺度	用以测度景观空间结构单元相互之间的连续性
聚合度（AI）	景观尺度	度量景观中不同斑块类型的聚集程度；其值越大反映同一景观类型斑块的高度聚集，值越小说明斑块空间分布离散、破碎化程度高、连通性低
香农多样性指数（SHDI）	景观尺度	从面积比例分布度量景观类型的多样性，反映景观异质性特征；土地利用越丰富，破碎化程度越高，其不定性的信息含量也越大，SHDI 值越高

资料来源：邬建国. 景观生态学—格局、过程、尺度与等级 [M]. 北京：高等教育出版社，2007.

（一）景观类型指数变化

在景观类型尺度中，区域景观类型包含耕地、林地、草地、水域、建设用地及未利用地 6 类景观。中心城区景观类型分析中则以斑块用地功能为景观类型，包含居住用地、公共管理与公共服务用地、商业与服务业用地、工业用地、公共设施用地、绿地与广场用地、道路与交通用地、仓储用地及特殊用地 9 类。

1. 区域景观类型水平

为研究沈阳市景观类型格局随时间尺度的动态变化特征，选取 10 米的空间粒度计算各景观类型的相关指数，制成不同景观类型格局随时间变化的折线图如图 3 - 13 所示。

耕地的斑块数量呈现持续增长状态，尤其在 2005 ~ 2015 年，斑块数量由 740 上升至 1468；与之相对应的斑块密度也呈显著增长趋势，平均斑块面积由 1985 年的 956.6 公顷迅速下降至 2015 年的 133.1 公顷。耕地景观类型逐年增长的斑块数量和斑块密度导致了平均斑块面积的下降，总体斑块破碎程度呈现加大趋势，表明在城市空间动态演化进程中，耕地面积不仅持续减少，而且在地类转换中各类用地的无序侵占使其破碎化现象显著。最大斑块面积比下降趋势显著、边缘密度及分维数均呈现上升现象，耕地景观内最大面积斑块已逐步减少，几何形态的不规则程度明显增强，稳定性降低。耕地在持续收缩进程中，斑块被其他地类的无序分割现象相对显著导致稳定性逐步降低，形态的不规整程度增长。总体来看，耕地是沈阳市的优势地类，受城市的无序扩张影响，耕地景观集聚程度下降明显，景观破碎度显著增长。

建设用地斑块数量和斑块密度均经历了降低—增长—降低的变化历程，与建设用地在扩张进程中基本遵循着内部填充—外围扩张—外围填充的发展阶段这一现象关系密切。与耕地发展趋势相反，建设用地的平均斑块面积由 45.6 公顷迅速上升至 89.5 公顷，在建设用地面积不断增长的同时，斑块密度及斑块数量均有所增长，基本呈现"摊大饼"式的发展模式。建设用地的最大斑块面积比、边缘密度及分维数均有所增长，原因在于扩张进程中小面积斑块被逐步吞并导致了最大斑块面积比的提升，聚集程度有所提升，但边界几何形态的规整程度及稳定性均降低。相较于耕地，建设用地的斑块密度、平均斑块面积等景观指标与耕地相关指标呈现缩小趋势，逐步成为沈阳市内的优势景观之一。

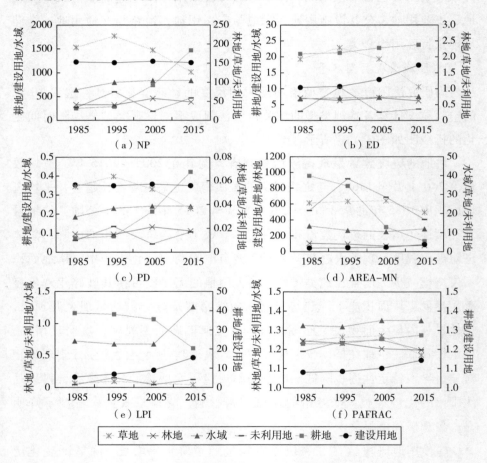

图3-13　沈阳市区域景观类型水平变化

草地的各类景观指标随时间尺度推移而呈现先升后降的变化趋势，其中斑块数量、斑块密度、最大斑块面积比、边缘密度等景观指标在1995

年出现研究期内的高值，1985～1995年随着退耕还林还草政策的实施，草地面积得到一定扩张，但增加的草地类型多为小面积斑块，在空间内形成无序分布，在一定程度上导致了斑块数量、斑块密度、最大斑块面积及边缘密度均得到提升。1995～2015年，斑块数量、斑块密度、最大斑块面积比、边缘密度等景观指标均总体呈现下降趋势，小型草地斑块随着城市扩张而逐步消失，空间异质性降低。平均斑块面积及分维数则在2005年达到研究期内的最大值，城市在1995～2005年的扩张进程中小型草地斑块被逐步吞并，草地面积出现收缩，大型草地斑块被保留，景观的稳定性和聚集度均得到一定程度的提升。至2015年，草地景观的平均斑块面积及景观稳定度均出现明显下降，表明草地面积在收缩的同时，斑块在空间格局中逐步趋于稳定，斑块几何形态的复杂程度逐步下降。

林地的斑块数量、斑块密度、边缘密度、最大斑块面积比等景观指标在四个时间断面下均经历了下降—增长—下降的变化趋势，表明林地面积总体收缩过程中破碎化程度及几何形态的复杂程度也大致经历了相似历程，原因在于各类用地在侵占林地系统时往往表现出无序—有序—无序的圈层吞噬与填充性特征。即小型林地斑块消失及大型林地斑块分割阶段—大型林地斑块分割和小型林地斑块填充阶段—小型林地斑块进一步消失及大型林地斑块进一步分割阶段。平均斑块面积则呈现下降—上升的变化趋势：1985～2005年，斑块数量的增长及平均斑块面积下降反映出林地在这一时期的景观破碎化程度加深；2005～2015年，斑块数量减少而平均斑块面积上升表明林地面积在收缩，小面积斑块进一步消融，林地景观的集聚程度随着密度的下降而得到提升。林地景观的分维度指数显示，随着林地的斑块密度和面积的收缩，大面积斑块得到一定程度保存、稳定性提升。

水域的斑块数量、斑块密度、最大斑块面积比等景观指标均呈现上升趋势，水域景观的破碎化程度提升；边缘密度及分维数均持续提升，边界的几何形态趋于复杂，稳定性逐步下降。在水域面积的总体扩张背景下，新增大量的小型水库、坑塘提升了水域景观类型的破碎化程度及景观异质性程度。未利用地由于其他用地的侵占，平均面积逐渐降低，破碎化趋势有增无减。

2. 中心城区景观类型水平

与区域景观类型水平类似，基于 10 米的空间粒度计算中心城区功能景观类型的相关指数，制成不同功能景观类型格局随时间变化的折线图，如图 3 - 14 所示，探测中心城区在扩张进程中各功能用地的景观格局动态状况。

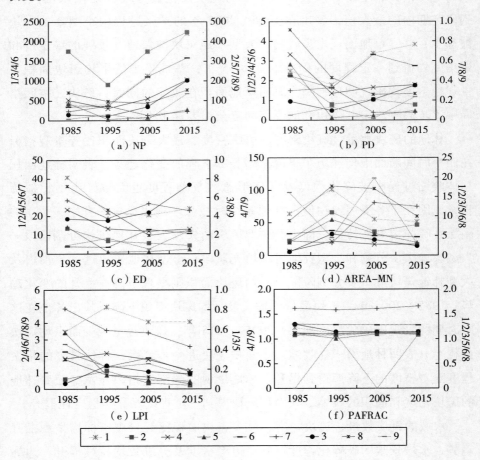

（a）NP　　　　　　　　（b）PD

（c）ED　　　　　　　　（d）AREA-MN

（e）LPI　　　　　　　　（f）PAFRAC

☀ 1　■ 2　✳ 4　▲ 5　▬ 6　＋ 7　● 3　✱ 8　⋯ 9

图 3 - 14　沈阳市中心城区各功能用地的景观指数变化

注：数字 1~9 分别代表居住用地、公共管理与公共服务用地、商业用地、工业用地、公共设施用地、绿地与广场用地、道路与交通设施用地、物流仓储用地及特殊用地。

在研究期内，居住用地的斑块数量指数增多，最大斑块面积指数、斑块密度及分维度指数总体呈现上升趋势，平均斑块面积、边缘密度指数总体下降。居住用地的景观破碎程度随着中心城区的扩张而逐步加深，与各开发区、组团内的居住用地建设紧密相关。与工业用地配套的大型居住用地集聚区随着城市内部更新改造而逐步碎片化，景观异质性增强。与此同时，各类居住用地的建设还造就了斑块几何形态的复杂程度的提升，斑块的稳定性趋于敏感。公共管理与公共服务用地、商业用地、工业用地、公共设施用地及物流仓储用地等功能用地的景观斑块数量和景观斑块密度均呈现出先降后升的发展趋势，表明以上几类功能用地斑块破碎度经历了先减弱后增强两个阶段，分析原因在于1985~1995年中心城区的内部填充使得以上几类功能用地得到一定程度的发展，破碎化程度逐步减弱；而在1995~2015年，中心城区主要以圈层—组团式外拓为主，新增的功能用地不仅增加了斑块数量而且无序的扩张也导致了景观破碎度程度的增长。

绿地与广场用地斑块数量持续上升而斑块密度总体呈现小幅下降状态，显示该功能用地随着中心城区扩张中新增大量小型绿地斑块的同时也较好地填充了原有绿地景观，集聚程度得到一定提升。道路与交通设施用地、特殊用地两类功能用地的斑块密度及斑块数量均呈现增—降—增的多阶段变化特征，二者受规划引导作用较强。最大斑块面积占比显示，中心城区所有功能用地总体呈现下降趋势，其中公共管理与公共服务用地、商业用地、工业用地三类功能用地显示先增后降的变化状况，表明在中心城区内以上几类功能用地的景观丰富度及优势度均得到提升，在外部拓展时期该类功能用地的景观丰富程度则体现出逐步下降状态。值得注意的是，工业用地、绿地与广场用地、道路与交通设施用地三类功能用地的最大斑块面积比值普遍较高，是中心城区内部的主要优势景观，原因在于工业用地面积总体较大且相对集聚，在扩张进程中基本以整体外迁为主导方式，绿地与广场用地多以大型斑块形式出现，道路与交通基础设施用地因存在形态与方式的独特性（条带状—网络式）使其成为区内主要景观类型。从边缘密度及平均分维度指数来看，商业用地、工业用地、公共基础设施用地及物流与仓储用地四类用地总体呈现上升趋势，以上几类用地在扩张进程中边界几何形态趋于复杂，稳定度相对较低。公共管理与公共服务用地的边缘密度指数呈现持续下降趋势，分维度指数呈现出先升后降现象，由于该功能用地属于管理与服务用地，空间分布与拓展相对规整，边界几何形态相对简单，斑块稳定性出现减弱与增长两个阶段。商业用地、工业用地、公共设施用地、绿地与广场用地及仓储用地等几类功能用地的平均斑块面积指数经历了先增后降两个发展阶段，均在1995年达到最大值，说明以上几类功能用地在经历内部填充后整体斑块面积得到较好提升，中心城区在外围拓展中新增的几类功能用地斑块多为小型斑块，在一定程度上降低了平均斑块面积指数。道路与交通用地、特殊用地两类功能用地则经历了降低—提升—降低三个阶段。

（二）景观水平指数及其空间格局变化

1. 区域景观格局水平

从景观水平指数来看（见图3-15），1985～2015年沈阳市景观格局过程具有以下几个特征：①斑块密度值显著增长，由0.77上升至1.18，表明沈阳市以建设用地扩张为主导的城市化活动的增强减弱了区域景观抵御自然灾害的恢复能力及适应能力，生态环境承载力有所下降，城市潜在风险增多。②边缘密度值稳步提升，从1985年的23.72增长至2015年的28.19，沈阳市区域景观斑块逐步增多、几何形态趋于复杂，破碎度增强，景观类型的不连续性增加，人为因素在这一变化中起着主导作用。③蔓延度反映了不同斑块类型分布的非随机性或集聚程度。研究期内该指数出现降低趋势，由71.80下降至68.22，属于中高等水平，表明沈阳市景观中存在一定大斑块现象，主要为耕地及建设用地。蔓延度的下降显示了整体景观斑块面积出现收缩趋势，斑块的集聚程度降低，主要景观类型的连通性有所下降，整体景观的破碎化程度逐步加大。分析其原因在于建设用地扩张主要以增加小型斑块为主而较少增加大面积斑块，而小型建设用地的增长进一步导致了原有大型耕地、林地等景观斑块的减少。④景观连接度指

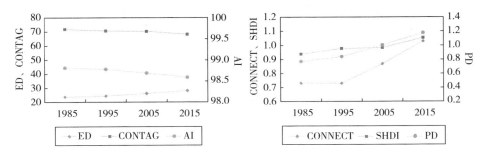

图 3－15　沈阳市区域景观水平变化

数值由 0.73 上升至 1.03，显示出沈阳市整体景观格局的连续性得到一定提升。⑤香农多样性指数呈现持续增长状态，指数值由 0.94 提升至 1.05，沈阳市在城市扩张进程中建设用地面积增加且逐步分割耕地等大斑块，耕地及林地面积在减少的同时建设用地及水域均呈现扩张状态，地类分割及内部转换使景观间的面积差异逐步缩小，斑块类型和景观数量的丰富程度提升，景观异质性及破碎化程度增强，景观类型优势度下降，景观受少数集中优势斑块所支配的整体格局发生转变。⑥聚合度反映了不同斑块类型的分布集聚程度，研究期内沈阳市景观格局的聚合度有所降低，由 1985 年的 98.82 下降至 2015 年的 98.59，说明景观聚集程度逐步下降，景观破碎化程度稍有加重。

　　为进一步分析沈阳市内各景观水平的空间异质性特征，选取 1 千米为基本样方尺度，对各样方内景观格局指数进行批量测算并进行 Kriging 空间插值分析，插值模型经地统计分析测算最优为线性模型，得到图 3－16。

　　沈阳市的景观格局在城市化进程中发生较大变化，各景观指数的空间分异特征显著：①斑块密度高值区在 1985～2005 年主要分布在中心城区外围地带及东部生态廊道内（棋盘山、陨石山等山地）；而在 2005～2015 年，斑块密度高值区逐步呈现出泛化现象，在浑河以南得到大范围扩展分布，东北部地带的响山、石人山等地也逐步出现高值区现象。建设用地对各类用地的无序侵占与分割导致的斑块破碎化提升是中心城市外围地带形成高值区的重要原因，东部生态廊道内由于近邻城区，绿色景观斑块在用

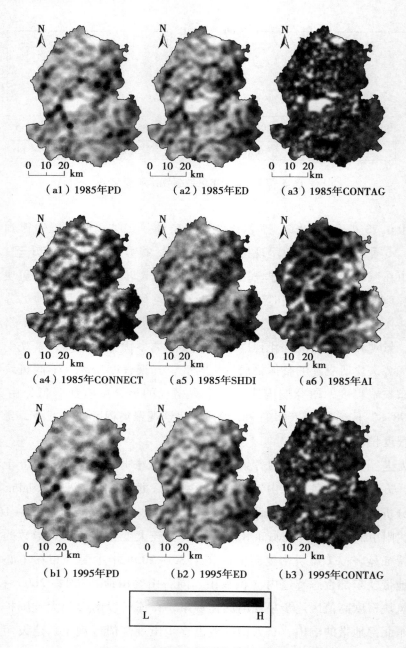

图 3-16 沈阳市景观指数的空间格局

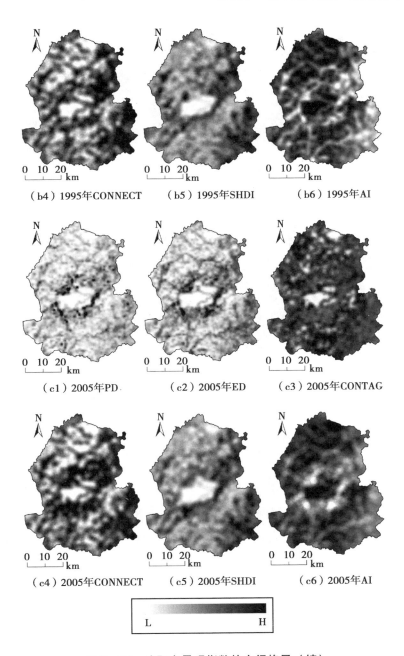

（b4）1995年CONNECT　（b5）1995年SHDI　（b6）1995年AI

（c1）2005年PD　（c2）2005年ED　（c3）2005年CONTAG

（c4）2005年CONNECT　（c5）2005年SHDI　（c6）2005年AI

L　H

图3－16　沈阳市景观指数的空间格局（续）

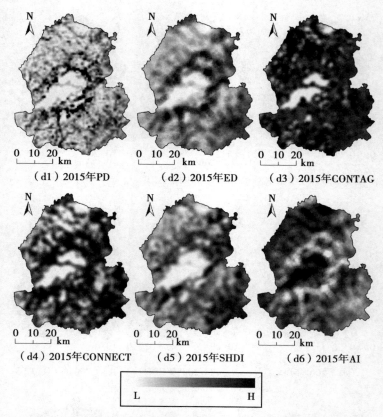

图 3 – 16　沈阳市景观指数的空间格局（续）

地转换中被逐步分割与吞噬（建设用地、工矿用地的侵占），导致区域内
整体景观破碎度的增长。而在城市化进程进一步提速的 2005 ~ 2015 年阶
段，浑南地区得到广泛开发，原有的大面积耕地斑块逐步为建设用地所割
裂，单一景观面积持续下降，景观密度进一步提升，破碎度持续增长；东
北部地带的响山、石人山等地则由于农业景观与绿色景观的相互作用而遭
受破坏，面积持续降低。总体来看，斑块破碎度在区内随中心城区扩张呈
同心圆式拓展格局并在东部生态廊道区内出现逐步泛化现象，沈阳市东北
部地区多为耕地，斑块密度低值区持续收缩，在快速城市化阶段耕地的破
碎化程度显著提升。②中心城区内的边缘密度低值区逐步拓展，中心城区

外围则逐步形成高值环状区，东部生态绿地斑块的整体边缘密度偏高，耕地地区的边缘密度逐步提升。原因在于随着中心城区的逐步拓展，内部斑块基本为建设用地，连成一片，边界的几何形态逐步趋于简单。在其拓展区内，城市扩张导致的景观无序分布是边界形态趋于复杂的重要原因，故中心城区的外围拓展部分多容易形成边缘密度高值区圈层。在景观的快速转换下，大型耕地斑块被其他地类逐步分割，与之产生的是众多小面积斑块，几何形态复杂程度显著提升。东部廊道内的生态绿地斑块在内部破碎化及自身边界复杂特征的双重影响下，斑块形态在研究期内均处于相对复杂状态。③蔓延度高值区在空间内广泛分布，低值区则随着中心城区扩张而逐步拓展。相较于中心城区，外围地带的耕地具有一定的空间连续性。景观连接度低值区分布范围相对较广，高值区在中心城区外围地带随其扩张形成环状分布，表明区内整体景观斑块的连通性较低，中心城区外围地带的破碎度增长在一定程度上提升了不同类型斑块间的连续性。④景观多样性高值区多分布在中心城区边缘扩张地带及东部生态廊道区，随着中心城区扩张而得到显著增长；低值区则分布于中心城区及北部耕地地区，但面积呈现一定收缩趋势。城市化进程中，中心城区的扩张使得耕地、林地大量转成建设用地，导致扩张边缘区的景观多样性得到显著增长。大量的耕地、建设用地分布在林地内，扩张或转换导致了东部生态廊道内的景观破碎化及多样性水平的提升。沈阳市北部地区及中心城区的景观类型相对单一，主要为耕地及建设用地，这是中心城区及北部地区景观多样性低值区广泛分布的主要原因。值得注意的是，多样性低值区已跨过浑河，逐步在浑南地区形成集聚状。⑤景观聚合度在研究期内均处于较高水平，在空间分布上中心城区边缘地区、东部生态廊道区相对较低，而中心城区内部及南、北部耕地集聚区相对较高。从空间增长来看，1985~2015 年的中心城区扩张环带及浑南地区聚集度显著降低，在西南部地带则提升明显，其原因在于建设用地的持续填充作用对西南部景观聚集程度的提升具有重要作用，环状扩张带及浑南地区多为耕地，斑块聚集程度普遍偏高，在建设用地的持续侵占与割裂作用下景观聚合程度出现下降趋势。

2. 中心城区景观格局水平

从中心城区景观格局水平来看（见图 3 – 17），中心城区的扩张模式与景观格局动态演化具有一定的相关性，在景观格局内的响应表现在指数的阶段性特征。具体来看：①斑块密度、边缘密度均呈现下降—上升的阶段性动态变化，中心城区的景观破碎度经历了由减弱到逐步增强，斑块的几何形态特征则由简单到逐步趋于复杂。这一特征与中心城区内部填充—多轴向拓展—组团式发展与填充的发展模式关系密切，在内部填充阶段，内部相似功能的小斑块使得中心城区整体得到融合，板块密度下降，几何形

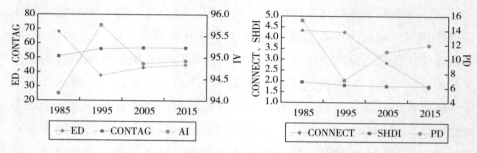

图 3 – 17　沈阳市中心城区景观格局动态演变

态逐步变为简单；在多轴向拓展及组团发展阶段，斑块数量及密度有增无减，中心城区景观的整体几何形态则趋于复杂。②景观聚合度指数则大体呈现先增后降的变化状况，1985 ~ 1995 年，沈阳市中心城区内景观聚集程度整体上升，破碎化水平下降，景观连续性变好；1995 ~ 2015 年，中心城区面积持续扩张使得其与外界的物质交换能力显著增强，但破碎化程度趋于严重，景观连续性水平下降。③蔓延度在研究期内出现持续上升状态，由 50. 93 上升至 56. 84，整体处于中等水平，说明中心城区内存在一定数量的大型斑块，整体景观的聚集程度得到一定提升。④景观多样性指数及连接度指数均以下降趋势为主，香农多样性指数由 1. 96 下降至 1. 75，连接度则由 4. 34 下降至 1. 70，表明沈阳市中心城区整体景观格局的连续性减弱，中心城区的功能用地格局的调整使得地类间的分割作用进一步增强，区内斑块类型和景观数量趋于丰富，景观异质性增强，城市景观破碎

化程度则进一步加重。

为分析中心城区内部功能用地的景观格局状况、体现其空间地域性特征，选取 1 千米为基本样方尺度，对各样方内景观格局指数进行批量测算，并根据各景观指数的值域区间，利用 Natural Break（Jenks）将中心城区内主要景观指数划分为低水平、中低水平、中等水平、中高水平及高水平 5 个层级，制成图 3 – 18。

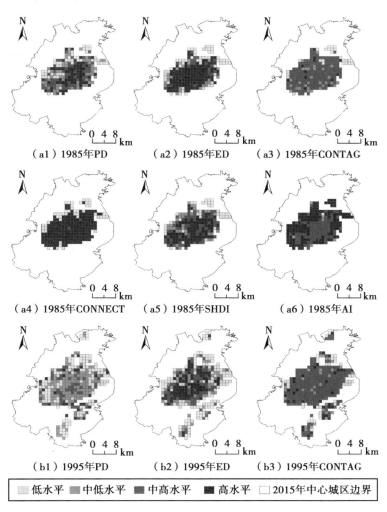

（a1）1985年PD　　　（a2）1985年ED　　　（a3）1985年CONTAG

（a4）1985年CONNECT　　（a5）1985年SHDI　　　（a6）1985年AI

（b1）1995年PD　　　（b2）1995年ED　　　（b3）1995年CONTAG

☐ 低水平　■ 中低水平　■ 中高水平　■ 高水平　☐ 2015年中心城区边界

图 3 – 18　沈阳市中心城区景观指数的空间分布

105

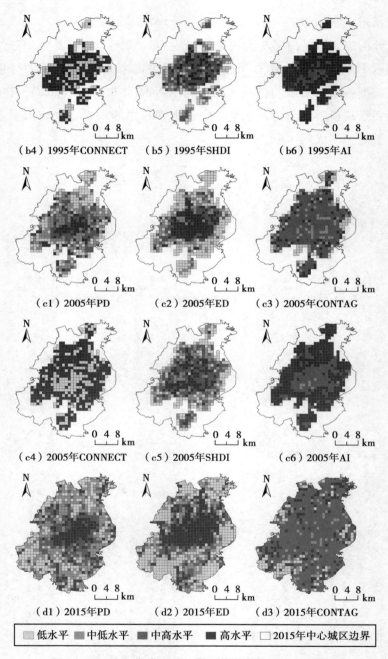

（b4）1995年CONNECT　　（b5）1995年SHDI　　　（b6）1995年AI

（c1）2005年PD　　　（c2）2005年ED　　　（c3）2005年CONTAG

（c4）2005年CONNECT　　（c5）2005年SHDI　　　（c6）2005年AI

（d1）2015年PD　　　（d2）2015年ED　　　（d3）2015年CONTAG

低水平　中低水平　中高水平　高水平　2015年中心城区边界

图 3－18　沈阳市中心城区景观指数的空间分布（续）

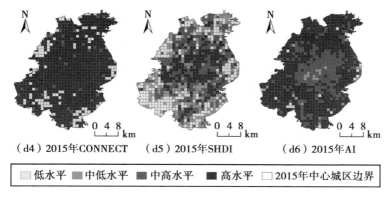

（d4）2015年CONNECT　　（d5）2015年SHDI　　（d6）2015年AI

　　□ 低水平　■ 中低水平　■ 中高水平　■ 高水平　□ 2015年中心城区边界

图 3 - 18　沈阳市中心城区景观指数的空间分布（续）

　　中心城区作为沈阳市内景观转换频率及拓展最迅速的区域，内部景观结构在城市动态发展进程中发生显著变化。具体来看：①从斑块密度指标来看，沈阳市中心城区在 1985～1995 年出现斑块密度下降状况，在1995～2015 年中心城区内部及拓展边缘区的高水平范围持续收缩，并在 2015 年大致形成由内向外的圈层式发展格局。分析其原因在于，1985～1995 年这一阶段主要以城市内部填充为主，小型异质性斑块的增长使得内部斑块密度整体下降；而在 1995～2015 年，受城市更新改造及功能用地优化调整的影响，斑块密度的高水平区呈现逐步增长趋势；城市边缘区的散点状高值区主要是由于功能用地在城市扩张中并未得到集聚分布，各功能用地的无序分布显然会导致样方尺度内斑块密度的增长。②边缘密度指数在城区扩张地带变化相对较小，在城区的中心地带变化显著，基本呈现同心圆式的增长格局。从蔓延度指数来看，中心城区内总体处于较高水平，蔓延度高水平区及低水平区均以散点状分布格局为主。内部功能用地的形态不规整性在功能用地调整中进一步提升，逐步趋于复杂。中心城区的功能用地优势度整体相对均匀，不同功能用地的连接性总体水平一般，而外围地带的散点状高值区表明了在样方内某类功能用地具有显著优势，连接性整体较高，蔓延度低水平分布主要是功能用地的杂乱分布导致了多类要素在样方内形成密集格局，景观破碎化程度相对较高。③景观连接度显示具有明

107

显的两极分化现象，连接度低水平区域由中心逐步向外拓展使得高水平区域形成连片分布格局；不同功能用地类型斑块间的连续性随着功能调整与外扩得到显著提升。④中心城区景观多样性高值区在中部地带呈现先收缩后扩张的动态变化趋势，低值区多分布在外围扩张地带。分析其动态变化原因在于，填充时期内部新增的小型功能用地斑块必然导致景观异质性的下降，内部调整及外部扩张阶段优化调整产生的分割作用使得斑块破碎度增长，景观异质性水平得到显著提升。从景观聚合度来看，高值区多分布在城区外围地带，内部聚合度水平相对较低但范围呈现出持续扩张趋势。

本章小结

本章以遥感影像数据为基础，结合传统数理统计、空间分析、网络分析及景观格局指数等方法，从土地利用的类型结构、城市发展的时空分异及景观格局的动态演化三大方面对沈阳市城市空间（市区及中心城区）发展进行定量刻画。

在经济发展及城镇化多重要素驱动下，沈阳市建设用地的持续扩张导致耕地向非农用地转变，建设用地在 2005～2015 年呈现爆发式增长，中心城区显现出"薄而大"的蔓延式拓展现象；中心城区尺度上，居住用地、工业用地、商业用地等功能用地比例持续提升，交通用地与中心城区扩张协调性较低，发展具有滞后性特征。

建设用地扩张兼具内部填充、外围拓展、组团扩张等多种模式，建设用地及耕地处于土地转移网络的主导地位，垄断性随着转移规模的增大而得到显著提升，沈阳市土地利用变化程度表现出较强的空间近邻效应并形成相对稳定的热点区。随着中心城区的不断扩张，中心城区的居住用地大致经历集聚—填充—拓展—集聚等发展变化历程，工业用地逐步外迁至三环以外，物流仓储用地有明显的空间依附特征，商业用地由沿交通线散点分布逐步向中心地带的面状拓展格局转变。

　　沈阳市城市景观斑块逐步增多，几何形态趋于复杂，破碎度增强，景观类型的不连续性增加，以建设用地扩张为主导的城市化活动增强，削弱了景观抵御自然灾害的恢复能力及适应能力，城市潜在风险增多。中心城区扩张模式与景观格局动态演化具有一定相关性，景观指数的阶段性变化体现了中心城区内部填充—多轴向拓展—组团式发展与填充的扩张模式在景观过程中的相应关系；中心城区内斑块类型和景观数量趋于丰富，景观异质性增强，景观破碎化程度进一步加重。

第四章
城市安全性变化及其综合评估

    城市作为最复杂的社会生态系统，无论是其快速发展带来的雾霾、交通拥堵、热浪等造成的累积性压力，还是暴雨、火灾、恐怖袭击等自然及人为灾害带来的急性冲击，均对城市安全发展环境造成不同程度的扰动。在这一背景下，大城市相较于中小城市更具脆弱性，安全发展环境构建的重要性更显著。本章借鉴景观生态学理论及模型方法，从城市安全发展环境构建的扰动因子及开放空间两个方面探讨沈阳市城市动态过程中的安全格局，通过构建"暴露—连通—潜力"三位一体的城市安全分析框架对其进行综合评价与自适应性发展阶段划分。

一、数据来源、处理与研究方法

（一）数据来源与处理

    本章主要探讨城市安全环境构建中的主要扰动因子、安全开放空间状况及发展潜力，其中城市扰动因子主要包括城市雾霾、城市热岛效应、城市内涝、生境退化四类；安全开放空间状况主要通过源—汇景观平均距离指数进行测度；城市发展潜力则借鉴生态足迹模型进行定量分析。涉及的主要数据及来源如下：

城市雾霾数据源于美国 Atmospheric Composition Analysis Group 机构发布的全球 PM2.5 数据源（http：//fizz. phys. dal. ca/ ~ atmos/martin/），数据年限为 2000 ~ 2016 年，栅格精度为 0.01 度。从中提取 2005 年及 2015 年沈阳市 PM2.5 栅格分布图，将坐标系统及投影坐标分别转换成 GCS Krasovsky 1940 和 Albers，基于 ArcGIS 10.1 将其重采样为 500 米。

城市热岛数据通过遥感影像进行地表温度反演得到。影像数据在兼顾可获取性、可比性原则基础上选取 1984 年 9 月 5 日、1995 年 9 月 4 日、2007 年 9 月 5 日、2014 年 9 月 8 日的遥感影像数据，数据源于地理空间数据云（http：//www. gscloud. cn/）平台，各年份遥感影像数据信息如表 4 - 1 所示。

表 4 - 1　各年份遥感影像信息表

卫星传感器	条带号	行编号	中心经纬度	成像时间	空间分辨率（m）	平均云量（%）
Landsat 5	119	31	（123. 1916°E，41. 7910°N）	1984 年 9 月 5 日	30/60	0. 26
Landsat 5	119	31	（123. 2238°E，41. 7905°N）	1995 年 9 月 4 日	30/60	0. 47
Landsat 5	119	31	（123. 3615°E，41. 7648°N）	2007 年 9 月 5 日	30/60	0
Landsat 8	119	31	（123. 3600°E，41. 7959°N）	2014 年 9 月 8 日	30/60	0. 28

城市内涝数据（1985 年、2015 年）源于《沈阳市总体规划图集（1979 - 2000 年）》及沈阳市规划设计研究院（http：//www. syup1960. com/）中的《沈阳·规划视野》（第二期），数据经 ArcGIS 软件平台中的配准、空间坐标定义、矢量化等步骤得到。

气候数据主要包括温度、日照、降水、湿度等方面，时空精度为站点及月份数据，数据源于中国气象数据网（https：//data. cma. cn/site/index.

html）。选取网站中公布的辽宁省 23 个气象站点①，对各指标进行 Kriging 插值分析（选取球状模型），利用沈阳市网格转换的点文件对其进行栅格值提取，得到 1985 年、1995 年、2005 年及 2015 年四个年份的气象资料数据。沈阳市资源与能源利用状况数据源于中国经济与社会发展统计数据库（http：//tongji. cnki. net/kns55/navi/navidefault. aspx）；沈阳市各时间断面的路网（包含铁路、高速公路、国道、省道、县道）通过各年份《中国交通册》、《沈阳交通路线图》经 ArcGIS 软件平台投影、配准、矢量化得到。网格尺度的各景观类型景观指数在通过批量掩膜处理后，在 Fragstats 4.1 中进行批量处理计算得到。

（二）研究方法

1. 二元 Logistic 回归模型及其精度验证

二元 Logistic 回归模型是指相应变量为二分变量时的回归模型，属于概率性预测模型，可用于预测某事件发生的概率，概率值域区间为 [0，1]。Logit 转换值可以取任意实数，避免了线性概率模型的结构缺陷（杜谦，2017）。事件发生概率的计算公式如下：

$$P = 1/(1 + \exp^{(-z)}), \text{ 其中：} z = b_0 + b_1 x_1 + b_2 x_2 + b_3 x_3 + \cdots + b_i x_i \quad (4-1)$$

式中，P 为事件发生概率值，值域为 [0，1]；z 是各个独立变量之间的线性组合，b_0 为常量，x_i 代表某事件的影响因子值，b_i 表示影响因子 x_i 的回归系数。

受试者工作特征曲线（Receiver Operating Characteristic Curve，ROCC）又称感受性曲线，是用以检验二元 Logistic 回归模型精度的重要方法。ROC 可以揭示敏感性和特异性的相互关系，并可利用构图法形成曲线。曲线下面积（Area Under Curve，AUC）越大，模型的诊断和预测准确率越高，模型拟合效果则越佳。AUC 值域区间为 [0.5，1]。若 0.5 < AUC < 0.7，模

---

① 辽宁省气象站点共 23 个，分别为彰武、开原、清源、朝阳、建平县（叶百寿）、新民、鞍山、沈阳、本溪、抚顺（章党）、绥中、兴城、营口、熊岳、草河口、岫岩、宽甸、丹东、瓦房店、皮口、长海、庄河、大连。

型精确度相对较低；若 0.7 < AUC < 0.9，模型精确度相对较高；若 AUC 在 0.9 以上，则模型准确度佳。一般认为，AUC 在 0.85 以上则模型具有较好的预测精确度，可用于某一事件发生的概率预测。

2. 生境质量分析模型

由斯坦福大学开发的 InVEST 模型是国际上广泛运用的生态系统服务功能、决策功能的评估模型，为生境分析提供相对准确的分析方法。生境质量模型需基于土地利用数据设定威胁源、敏感性及生境于威胁源间的距离等参数。利用这一模型能较好地测算区域生态系统的退化状况，以评估生态系统服务能力。其具体计算方法如下：

$$Q_{xj} = H_j \left[1 - \left(\frac{D_{xj}^z}{D_{xj}^z + k^z} \right) \right] \tag{4-2}$$

式中，Q_{xj} 为生境类型 j 中 x 栅格的生境质量；H_j 为生境类型 j 的生境适宜度，值域为 [0，1]；D_{xj} 为生境类型 j 中 x 栅格的生境退化度；k 为半饱和常数，依据模型参考值设定为 0.5；z 为归一化常量，一般取值为 2.5。

生境退化度计算方法如下：

$$D_{xj} = \sum_{r=1}^{R} \sum_{y=1}^{Y_r} r_y \left(\frac{\omega_r}{\sum_{r=1}^{R} \omega_r} \right) i_{rxy} \beta_x S_{jr} \tag{4-3}$$

其中，$i_{rxy} = 1 - \left(\frac{d_{xy}}{d_{rmax}} \right)$（线性衰减模型）；$i_{rxy} = \exp\left(\frac{-2.99 d_{xy}}{d_{rmax}} \right)$（指数衰减模型）

式中，D_{xj} 为生境类型 j 中 x 栅格的生境退化度；R 为威胁源个数；ω_r 为威胁源 r 的权重；Y_r 为威胁源的栅格数；r_y 为栅格 y 的胁迫值；i_{rxy} 为栅格 y 的胁迫值对栅格 x 的胁迫水平；β_x 为威胁源对栅格 x 的可达性；S_{jr} 为生境类型 j 对威胁源 r 的敏感度；d_{xy} 为 x 位置的生境与威胁源 y 的欧氏距离；d_{rmax} 为威胁源 r 的最大干扰半径。

本章在借鉴戴云哲等（2018）对城市地区生境质量分析的参数设定及 InVEST 模型参数推荐（Nelson et al.，2009）基础上将林地、草地、耕地、水域等定义为生境，是生物栖息的主要场所；将城镇用地、农村居民点、工矿用地、铁路、高速公路、国道、省道、县道等人类活动场所作为威胁源，威胁半径分别设定为 12 千米、10 千米、10 千米、12 千米、12 千米、10 千米、8 千米及 8 千米，相应权重分别为 1、0.8、0.7、0.8、0.8、0.8、0.6、0.4；建设用地景观（城镇用地、农村居民点、工矿用地三类）对生境影响的距离衰减方式为指数衰减，道路景观（铁路、高速公路、国道、省道、县道五类）则为线性衰减。生境适宜度及其对各威胁源的相对敏感程度结合模型的推荐值和相关文献调整确定。生境适宜度及相对敏感程度最终设置如表 4-2 所示。

表 4-2　不同生境类型的生境适宜度及其对各威胁源的相对敏感程度

生境景观类型	生境适宜度	威胁源							
		城镇用地	农村居民点	工矿用地	铁路	高速公路	国道	省道	县道
水田	0.5	0.5	0.4	0.2	0.1	0.1	0.1	0.1	0.1
旱地	0.4	0.6	0.5	0.3	0.1	0.1	0.1	0.1	0.1
有林地	1.0	1.0	0.9	0.8	0.7	0.7	0.6	0.6	0.5
灌木林	1.0	0.6	0.5	0.4	0.2	0.2	0.2	0.2	0.2
稀疏林	1.0	1.0	0.9	0.8	0.8	0.8	0.7	0.7	0.5
其他林地	1.0	1.0	0.9	0.8	0.8	0.8	0.8	0.7	0.6
高覆盖度草地	0.9	0.6	0.5	0.4	0.2	0.2	0.2	0.2	0.2
中覆盖度草地	0.8	0.7	0.6	0.5	0.3	0.3	0.3	0.3	0.3
河渠	0.7	0.9	0.7	0.6	0.5	0.5	0.5	0.5	0.4
湖泊	0.8	0.9	0.8	0.7	0.6	0.6	0.5	0.5	0.4
水库	0.7	0.9	0.8	0.7	0.6	0.6	0.5	0.5	0.4
滩地	0.6	1	0.8	0.7	0.7	0.7	0.6	0.6	0.4
沼泽地	0	0	0	0	0	0	0	0	0
裸土地	0	0	0	0	0	0	0	0	0

3. 源—汇景观平均距离指数模型

从景观生态学理论来看，集聚间有离析被认为是生态学意义上的最优组织模式。这一模式逐步被作为卫星城、新城发展规划的理论基础之一。

源—汇景观理论认为，异质景观可以分为源、汇景观两种类型，其中源景观是指能促进生态过程发展的景观类型，汇景观是阻止或延缓生态过程发展的景观类型。城市景观可以分成灰色景观（如建筑、道路）、蓝色景观（水体）、绿色景观（绿色植被）等。在城市灾害或压力产生这一过程中，源主要为灰色景观，而蓝、绿景观则为汇。对于城市个体而言，蓝色景观和绿色景观面积当然越大越好。当蓝色景观和绿色景观的面积一定时，其空间配置则显得尤为重要，如均衡的绿色景观对于城市热岛效应、城市内涝均具有较好的削减作用。源—汇景观空间配置的均衡性可利用源—汇景观的平均距离指数进行测度（修春亮等，2018）。基于网格尺度的源—汇景观平均距离指数测度模型如下：

$$ACC_i = \sum \frac{L_j A_{ij}}{L_{ijk}} = \sum L_j A_{ij} / \left[\sum_{j=1}^{n} \min(d_{ijk}) / m \right] \qquad (4-4)$$

式中，ACC_i 为网格 i 的平均距离指数，A_{ij} 为网格 i 中第 j 类源景观的比例，L_{ijk} 为网格 i 内 j 类源斑块到区内汇斑块的平均距离指数，d_{ijk} 代表网格 i 内 j 类源斑块各栅格到区内汇斑块栅格 k 的距离，m、n 分别为网格 i 内源斑块的栅格数量及区内汇斑块的栅格数量，L_j 为常数，表示区内 j 类源景观与汇景观平均距离指数。ACC_i 值越大，源—汇景观的空间均衡性越强。

4. 生态足迹指数模型

生态足迹模型从供需视角比较人类活动生态足迹需求及自然生态系统所能提供的生态承载力来表征区域可持续发展状态。一般来说，生态赤字式城市由于过多透支城市的生态承载能力，当城市遭遇风险时，其适应和恢复能力不足，城市发展潜力相对较低；而生态盈余式城市的可持续发展能力更强（王绮，2016）。为此，基于生态足迹模型结合人口密度及土地利用数据，从生态供需关系出发构建城市网格尺度的生态足迹指数，如下：

$$DR_i = \frac{EC_i(1-12\%)}{EF_i} = \frac{(1-12\%)\sum r_k \times y_k \times a_{ik}}{P_i \sum r_k \times c_j / w_j} \qquad (4-5)$$

式中，DR_i 为网格 i 的生态足迹指数，EC_i 为网格 i 的生态承载力，

EF_i 为网格 i 的生态足迹，r_k、y_k 分别表示第 k 类生产性土地的均衡因子和产量因子，a_{ik} 表示网格 i 中第 k 类生产性土地的面积，P_i 为网格 i 的人口数，c_j 为区域内第 j 种商品的人均消费量，w_j 表示第 j 种消费商品的全球平均产量。根据世界环境与发展委员会（WCED）的报告，12% 的生态承载力被用来保护生物多样性的面积。当 $DR_i < 1$ 时，生态足迹供给小于生态需求，出现生态赤字，区域出现过度消耗内部资源现象，城市可持续发展潜力不足；当 $DR_i > 1$ 时，区域生态环境处于盈余状态，城市安全发展环境相对较好。

二、城市安全发展的扰动因子

随着城市物质财富的不断增长，人口及建筑密度的高度集聚使得其面临的不确定扰动因子不断增长，城市安全发展中的潜在威胁显著提升。这一扰动因子或潜在威胁不仅包含了自然"回馈"于人类社会的自然灾害，也包含了人类自身行为所带来的风险。为此，本节从自然扰动及人为干扰双重作用下的城市安全发展状况进行时空动态模拟或定量分析。

（一）自然扰动

1. 城市热岛及其时空尺度特征

城市热岛是指城市中心气温明显高于外围的环境现象，是城市生态环境变化的综合体现（谢启姣等，2016）。快速城市化进程导致了城市不透水面范围扩张、工业及人口高度集聚、社会经济活动强度增大、城市能源消耗与温室气体排放量持续增长，这进一步导致了城市局部地区气温上升、中心—外围的温度差异加大。Saarat 等（2006）研究表明，热岛效应不仅会降低大气质量还会危害居民身心健康：当温度高于 28℃时，人们会有不适感，容易导致中暑、精神紊乱等；气温持续高于34℃，可导致心脏、脑血管和呼吸系统疾病的发病率上升。此外，气温升高还会加快光化学反应速度，使近地面大气中臭氧浓度增加，影响人体健康（武辉芹，2009；葛珂楠，2010）。沈阳市作为东北传统的重工业基地，工业高度集聚，城市扩张迅速，人口、经济活动高度集聚于中心城区。到目前为止，沈阳市已观测到市区最高温度达到39.3℃，严重影响城市居民身心健康和城市系统正常运行。为此，本小节利用 Landsat 数据进行地表温度反演，其中1984年、1995年及2007年为 Landsat 5 影像因其存在一个热红外波段，而2014年数据为 Landsat 8 影像存在两个热红外波段，故分别采用单通道及劈窗算法进行温度提取与反演（孙彤彤等，2017），具体流程如图4-1所示。

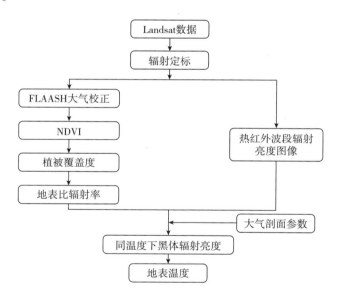

图4-1　基于大气校正法的地表温度反演流程

基于地表温度反演流程对沈阳市1985年、1995年、2005年及2015年地表温度进行反演，得到沈阳市四期城市地表热环境分布（见图4-2）。沈阳市地表温度在四个时间断面下分别为23.1℃、20.2℃、26.4℃及

25.7℃，对比沈阳市 9 月气象站点数据可知，四期地表温度与平均最高温度大体相当，最高仅相差 3℃，反映出基于 Landsat 遥感影像数据的地表温度反演整体精度较高。

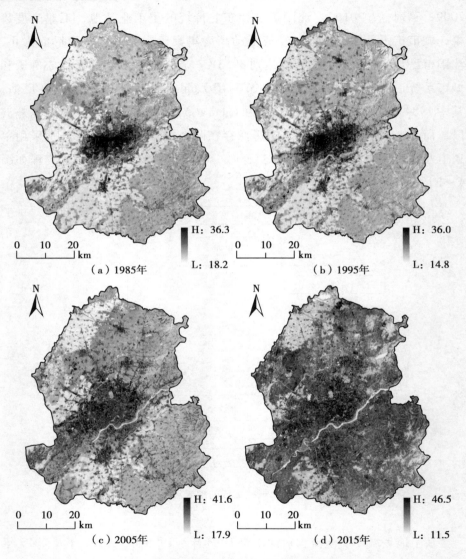

图 4-2　基于遥感反演的沈阳市城市地表温度

沈阳市不同时期热场状况呈现大体相似的分布规律，热环境高值区主要分布在各时期人口高度集中、道路相对密集、建筑密度高度集聚的城市建成区或工业集聚区，表现出明显的热岛效应。城市内部的北陵、东陵等大型公园地区成为中心城区的"冷岛"，浑河则为城市热环境的缓解提供了低温廊道作用。同时，地表温度格局尤其是热岛范围持续扩张并在空间上表现显著的空间异质性特征，热环境高值区与中心城区扩张呈现显著正相关性，强热岛中心出现空间迁移现象。1985 年，城市高温区在浑河以北形成片状分布，空间范围主要集中在城市一环线以内，在浑河以南地区则出现以苏家屯组团为代表的散点状高温区。这一时期的中心城区基本为高温区并在空间上呈现距离衰减格局。1995 年，高温范围整体变化不大，但中心城区高温迁移至铁西区并在铁西区周边出现一定程度扩张，在浑河与主城区间的热环境状况得到填充并逐步蔓延至浑河以南地区。主要原因在于，该阶段主城区内部的工业区逐步实现外迁，铁西区作为城区内重要的工业集聚地，在西南方向上的逐步外迁成为该阶段的高温地带；经过 10年的内部填充作用，浑河以北的主城区不透水面进一步拓展，地表温度显著提升。2005 年，城市热岛范围在中心城区呈现圈层扩张，逐步突破城市二环线；张士、道义、苏家屯、虎石台、辉山等地区的热环境显著升高，其中张士、道义基本融入主城区范围，高温区在二者间的填充作用明显；浑河以南地区得到快速开发，沈阳市发展进入"拥河"阶段，高温区范围在该地区快速蔓延，浑河成为中心城区的"冷廊"。总体来看，该阶段内老城区热环境得到一定改善，铁西地区及中心城区新增扩张地带形成多个强热岛中心，表明工业区的分散外迁有利于缓解中心城区的整体热岛效应，迁入地则成为新的热岛中心，城市高温地带与城市扩张方向、开发强度大体一致，这一特征突出体现在浑河以南地区。2015 年，高温区在市区东南、西北、北部地区均得到明显扩张，该阶段工业区基本实现外迁，西南地区的铁西工业区外迁及高新技术产业园区的设立使得其在该方向上热岛效应进一步提升，形成区域内新的强热岛中心；西北地区受大学城建设及房地产开发影响，不透水面范围扩张迅速，热环境状况则持续恶化；北部地带的虎石台及辉山形成高温连片区发展格局，新城子地区热岛逐步趋于严重。总体来看，沈阳市热岛范围与中心城区扩张模式及其内部功能转换紧密相关，强热岛中心大致经历了城区内部均衡—城区内部集聚—外围地带均衡—外围地带集聚等阶段，具有显著的空间地域和阶段发展特征。

将1985年、1995年、2005年及2015年四期地表温度与沈阳市同时期气象站点平均气温进行拟合，得到气温拟合方程为：$T_a = 0.3629T_s + 9.3455$（$R^2 = 0.9221$），式中 T_a 为气温、T_s 为地表温度，地表温度与气温呈正相关关系。基于拟合方程将地表温度转换成气温，依据沈阳市具体气温状况，设定网格平均气温值26℃及其以上为威胁城市居民健康温度，风险概率为1，气温每降低0.5℃，风险概率下降0.1。最终得到四期城市热岛效应的风险概率如图4-3所示。

热岛效应背景下的城市高风险区在四个时间断面下持续扩张并在空间上呈现一定的泛化现象。高风险区与城市建设用地扩张状况紧密相关，中心城区成为相对稳定的热点区。伴随着城市扩张，高风险区在浑河以南、东部生态廊道、新城子城区等地均得到显著扩张，风险强值由中心城区集聚逐步向外围扩展分布转变。进一步分析强热点的空间关联及迁移特征得到，风险概率表现出较强的空间自相关特征但出现下降趋势，全局空间自相关系数由1985年的0.9154下降至2015年的0.8079，空间相关性趋势逐步减弱，强热点中心逐步分散。1985~2005年，受铁西地区工业区整体西迁、中心城区向西南拓展的影响，高风险热点在城区西部及西南部集聚分布，风险概率中心出现逐步西迁趋势；2005~2015年，沈阳市热岛高风险区北移至北陵公园附近，这一阶段高风险区主要在沈北地区蔓延并形成多个风险强点区，如虎石台、新城子等地区。从风险概率变化状况来看，1985~1995年，风险增长区主要分布在中心城区拓展地带，尤其是铁西工业区外迁地带；1995~2005年，受工业区外迁影响老城区热状况风险得到明显改善，高风险区在中心城区西南部、北部及浑南地区均得到显著增长并在北部形成急速恶化环带；2005~2015年，二环内的风险概率进一步下降尤其是浑河沿线地区受浑河的冷廊缓解作用显著，而新城子、西北部耕

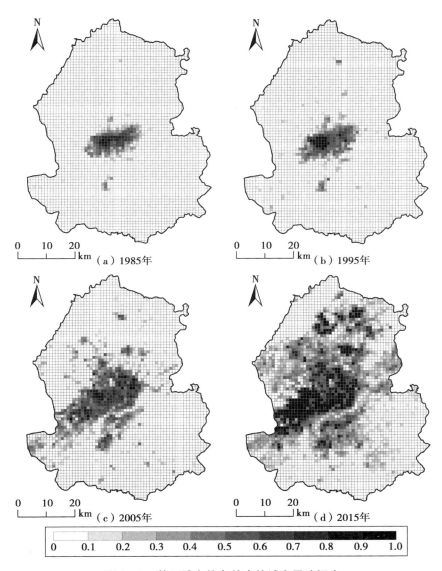

图4-3　基于城市热岛效应的城市风险概率

地、西南部工业集聚地、浑南地区等地带的热环境风险得到明显增长，形成该阶段热岛效应的高风险强点区。1985～2015年风险概率变化的总体格局显示出，老城区热环境状况得到逐步改善，受用地性质转换（主要为耕地向建设用地转变）影响，中心城区在空间拓展及功能转换进程中的风险范围得到显著扩张，在沈北、张士、浑南、虎石台、棋盘山等新城或生态屏障地区形成新的热环境高风险区。

以 0.3、0.7 为临界值将沈阳市热环境风险划分为低风险区、中风险区及高风险区三大类，统计各风险区的潜在受险面积及人口（见表 4-3）。受城市扩张及其热岛效应提升影响，沈阳市高风险区的潜在威胁面积及人口持续增长，面积比例由 2.04% 上升至 14.86%、人口由 18.78 万增长至 349.77 万。发展至 2015 年，沈阳市逾半数城市人口受到热岛效应的威胁。低风险区面积及潜在威胁人口均呈现下降趋势；城市热环境下的潜在风险人口增长不仅是城市持续扩张作用的结果，同时也是城市人口、社会经济活动高度集聚影响形成的格局。

表 4-3　基于城市热岛效应的潜在受险面积及人口

年份		1985		1995		2005		2015	
等级	概率	面积（km²）	人口（人）	面积（km²）	人口（人）	面积（km²）	人口（人）	面积（km²）	人口（人）
低风险区	0~0.3	3327	3819699	3223	2238947	2934	834284	2261	1247759
中风险区	0.3~0.7	77	193543	115	935352	318	1303580	698	829161
高风险区	0.7~1.0	71	187758	137	1592338	223	2820998	516	3497740

为探讨热环境背景下的城市暴露性的空间集聚趋势，选用增量空间自相关对风险概率值进行分析，为热岛效应的多尺度分析或缓解热岛风险的最佳尺度提供相对精确的数理依据。四个年份下的增量空间自相关曲线均为倒 "V" 形格局并具有典型的长尾效应，曲线最大值出现在 2 千米尺度下，表明 2 千米尺度能够较好地分析沈阳市城市热岛暴露性风险格局，以 2 千米为基本尺度进行绿地的空间配置能有效缓解城市热岛效应。在 5 千米尺度外，Moran's I 值变化幅度减缓，近邻范围内的空间差异较大，异质性特征减弱，热岛效应的空间依赖性逐步降低。对比四个年度的增量空间自相关曲线发现，空间自相关曲线随时间推移而逐步降低。其中，1985 年

在 6 千米尺度范围内均居于首位，6～8 千米尺度则以 1995 年处于最高值，8 千米以外则以 2005 年及 2015 年为主导。不同年份下的建设用地扩张对城市热岛的尺度效应具有显著影响，而城市动态发展过程是导致城市热环境空间集聚趋势变化的基本要素。

2. 城市内涝及其时空尺度特征

随着城市化的深入推进，人口和财富不断向中心城市集中，随之而来的是城市地区人地矛盾逐步尖锐，城市发展对空间的需求提升，中心城区建设用地面积迅速拓展、不透水面持续扩张。城市内涝是指强降雨或连续性降雨超过城市排水能力，导致城市地面产生积水灾害的现象（吴健生和张朴华，2017）。当城市相对滞缓的排水能力遭遇强暴雨或持续暴雨袭击，城市内部往往容易产生一定程度的积水灾害，导致城市运行系统基本处于瘫痪状态，严重影响城市经济发展及居民正常生活甚至威胁居民生命财产安全（Wheater & Evans，2009），因此成为城市健康、可持续发展的巨大挑战。沈阳市作为东北地区唯一的特大城市，与我国许多大城市相似，城市建设用地持续蔓延、管网设施建设相对滞后等问题在遭遇强暴雨天气后被逐步放大，"城市看海"的灾害性现象时常发生。例如，2010 年沈阳市城区特大内涝灾害、2016 年"7·25"特大内涝灾害等，城区内涝积水严重，最大积水深度近 3 米，交通瘫痪十余小时，严重影响了城市系统的正常运行。为此，本小节将城市严重积水区域（积水深度超过 0.5 米）设定为内涝发生区域，影响范围为 1 千米，基于 ArcGIS 10.1 软件平台将面状要素转换为点要素，以 1 千米为搜索半径进行核密度估计，得到 1985 年及 2015 年内涝点核密度分布（见图 4－4）。

1985～2015 年，城市内涝点的核密度值域区间由［0，5.4］上升至［0，7.9］，虽然近年来沈阳市持续加大城市内涝治理力度，但相较于 1985 年，沈阳市城市内涝状况仍趋于严重。从内涝点的空间分布格局来看，沈阳市城市内涝多集中在老城区并受中心城区扩张影响而出现泛化现象，城市外围拓展区内涝发生频次相对较低。1985 年，沈阳市城市内涝在老城区内的市府大路沿线及南运河沿线形成两大高值区，其中市府大路沿线地区主要是因为排水出口较小，南运河则由设置排水设施等因素所致。
2015 年，城市内涝点主要分布在金廊沿线、太原街、东北大马路等沿线及
排水系统末梢地区、竖向地势低洼地区、下穿地道桥等区域，原因多为地
势低洼、排水设施不健全等。与此同时，沈阳市二环线与内部交通连接处
多出现积水现象，如黄河北大街。在城市外围拓展区，城市内涝虽在空间
上出现一定程度拓展但整体影响程度相对较低，核密度值处于较低水平，
原因在于外围拓展区主要以侵占耕地、林地形式为主，内部填充相对缓
慢，在一定程度上缓解了城市持续强降水天气及暴雨冲击的影响。

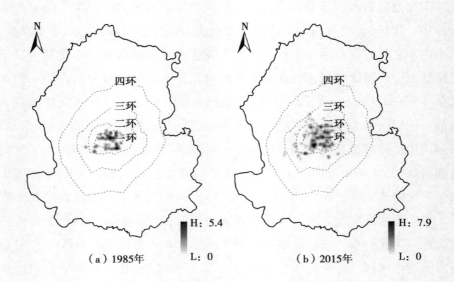

（a）1985年　　　　　　　　　　（b）2015年

图 4 – 4　1985 年、2015 年沈阳市城市内涝点核密度估计

利用二元 Logistic 回归分析方法对 1995 年及 2005 年城市内涝发生频率
进行预测，为提升模型精确度，将 1985 年及 2015 年内涝点进行合并并选
取对应个数的非内涝点，分为训练集和测试集，其中 80%（168 个）为模
型构建的训练样本，20%（42 个）为模型的测试样本，利用 ROC 曲线中
的 AUC 值进行模型精确度验证。最终得到沈阳市城市内涝的二元 Logistic
回归模型为：

$$f(x) = 1/\left[1 + \exp(-4.396 + 0.081AI_{rl})\right] \qquad (4-6)$$

式中，$f(x)$为网格的内涝发生概率值，AI_{rl}为居住用地的聚合度指数。经 ROC 曲线验证，该模型 ROC 曲线的 AUC 值达到 0.957，模型整体精确度较优，可适用于 1995 年及 2005 年城市内涝点概率的预测。

利用回归模型对沈阳市内涝发生点的概率进行计算，同时，依据核密度估计值进行重重分类，得到内涝风险概率分布（见图 4-5）。从城市内涝风险概率格局来看，沈阳市内涝发生点逐步增多，具有中心—外围圈层结构特征，风险概率动态变化与中心城区扩张大体一致。1985～1995 年，沈阳市内涝点多集中在老城区内部，内涝高风险区由"三大组团"向"两个组团"转变，原因主要在于老城区内部建设用地的填充破坏了原本相对较强的雨水调蓄功能，不透水面面积的增长使得雨水渗透性下降，城市内部的水源涵养和调蓄功能下降。2005 年，沈阳市内涝点整体变化不大，但城市新增扩张区的中低风险值得到一定程度增长，城市扩张主要以圈层和组团式为主，新增扩张区的内涝风险大多被外围耕地缓解，但随着城市外围地带的不断扩张和内部填充作用，风险指数将进一步提升。发展至 2015 年，随着中心城区蔓延式扩张，城市内部本底生态保护不足、管网设施建设相对滞后等发展问题逐步凸显，城区内涝风险不仅快速提升，空间影响范围也呈显著拓展趋势，三环内的浑北主城区积水严重，二环内的老城区基本沦为内涝高风险区，同时外围边缘区也逐步纳入内涝风险区范围。其原因在于，老城区内雨水排放功能的管网和设施设计标准普遍偏低、排水能力不足，滞后于城市发展需求；城市的持续扩张导致与"绿"争地、与"水"抢地现象频出，城市生态本底保护不足等众多问题开始涌现，城市内部可进行地表雨水蓄积的坑塘、水系逐步消失，地表硬覆盖比例大幅度增长。城市生态本底的破坏、排水管网设施滞后、内部蓄水滞水空间不足、不透水面导致的雨水下渗困难、雨水径流总量增加等众多因素的协同作用使得内涝灾害在中心城区表现得异常活跃，尤其是在城市排水管网末梢、地势低洼区域。

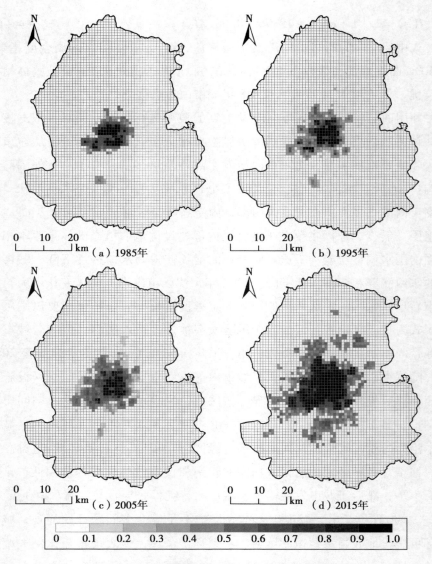

图 4 – 5　基于内涝指数模拟的城市风险概率分布

　　以 0.3、0.7 为临界值，将其分为低风险区、中风险区及高风险区三类，统计各地区内城市内涝灾害下的暴露性面积及人口（见表 4 – 4）。城市内涝高风险区面积持续增长，面积增长达 242 平方千米，所占比例则由

1.9% 持续上升至 8.9%。其中 2005～2015 年内涝风险增长最迅速，高风险区面积扩张逾 200 平方千米；内涝中风险区主要为各阶段内的新增扩张区，风险增长面积达到 293 平方千米；低风险区则出现持续收缩状态。总体来看，无论是中高风险区的增长速度还是蔓延格局均与沈阳市中心城区扩张呈现正相关性。随着中心城区人口的不断集聚，内涝风险灾害的暴露性人口显著增长。至 2015 年，城市内涝高风险区的暴露性人口达到 347.8 万，超过 62% 的城市居民遭受来自内涝威胁带来的出行不便乃至生命财产受损的影响。综合高风险区面积及人口得到大量的人口多集中在城市中心城区内，高度聚集的人口不仅创造了大量的城市财富，也成为诱导城市风险增长的主要因素之一。

表 4 - 4 基于城市暴雨内涝的潜在受险面积及人口

年份		1985		1995		2005		2015	
等级	概率	面积（km²）	人口（人）	面积（km²）	人口（人）	面积（km²）	人口（人）	面积（km²）	人口（人）
低风险区	0～0.3	3293	3740674	3204	2221514	3191	1225425	2758	1535085
中风险区	0.3～0.7	116	285908	183	1523533	184	1535495	409	561048
高风险区	0.7～1.0	66	174418	88	1021589	100	2197943	308	3478526

内涝风险概率的 Moran's I 指数随空间距离增长均出现先增后降的发展趋势，内涝格局的空间相似性在 2 千米尺度外逐步减弱。四个时间断面下的城市内涝集聚性均在 1～3 千米尺度范围内呈现急速增长现象，内涝格局在临近范围内表现出显著的相似性，空间异质性特征增强。而在 6 千米尺度范围外，Moran's I 指数曲线变化趋势逐步趋于平稳，内涝格局对空间尺度的依赖性持续减弱。从峰值来看，3～4 千米尺度内出现内涝 Moran's I 指数曲线的最大值，表明该尺度是城市内涝关联格局对空间尺度的响应点。因此，以 3～4 千米为基本尺度单元进行排水泵站或管闸设置可以相对有效地缓解城市内涝风险，实现内涝灾害在小尺度范围内的防控与管

理。同时，该尺度也是进行城市内涝格局分析的适宜尺度，能够较好地兼顾城市内涝格局的总体与细节特征。

（二）人为干扰

1. 城市雾霾及其时空尺度特征

大气污染引发的雾霾对人体健康、气候环境与城市可持续发展均产生重大影响（刘海猛等，2018）。工业化时代给人们创造了更多的物质积累，社会得到快速发展，但也带来了大气污染等环境问题，如1943年的美国洛杉矶烟雾事件、1952年的英国伦敦烟雾事件、2018年的北京雾霾事件等，给社会经济发展带来诸多不利，也给人类生命财产安全带来潜在风险。在高密度人口与建筑、交通拥堵状况频发的大城市地区，雾霾污染对城市人口的暴露性显著增加，城市安全发展环境受到威胁。2013年，国际癌症研究机构（IARC）已将PM2.5列为人类致癌物，PM2.5作为城市地区大气污染的重要污染物，是造成城市雾霾最重要的"元凶"之一（王冠岚等，2016）。沈阳市作为我国传统的老工业基地，历史上大气污染严重（Xu et al.，1989，1996），自改革开放以来，沈阳市在经历快速扩张的建成区面积、高度集聚的人口规模及高速发展的城市经济集聚等进程的同时，也面临着城市雾霾的诸多影响，成为制约沈阳市可持续发展的生态瓶颈之一。

基于2005年及2015年沈阳市PM2.5空间分布数据，在因子相关性检验基础上构建多元线性回归模型，对1985年及1995年两个时间断面下网格尺度内的PM2.5进行因子分析，如表4-5所示。在众多因子中，人口、耕地斑块密度、居住用地聚合度、工业用地聚合度、区域景观边缘密度、区域景观聚合度、平均气温、平均相对湿度及平均最高温9个因子与PM2.5均存在较显著的相关关系。其中，耕地斑块密度、区域景观聚合度两类景观因子及平均相对湿度的气候影响因子存在负相关关系，表明耕地斑块密度越高，区域景观斑块的集聚程度越高，气候相对湿度处于较高水平，沈阳市城市雾霾得到一定程度缓解，雾霾指数处于较低水平；而人口、居住用地聚合度、工业用地聚合度、区域景观边缘密度、平均气温及平均最高气温等因子与沈阳市城市雾霾呈正相关关系，即此 6 类因子值越高则说明雾霾指数处于较高水平。由此可见，促进城区人口的合理配置、推动工业用地及居住用地的分散化布局等措施有利于缓解城市雾霾风险。

表 4 – 5　沈阳市 PM2.5 影响因子分析

模型	常量	P_{op}	PD_{cl}	AI_{rl}	AI_{il}	ED_{region}	AI_{region}	MT	ARH	AT_{max}
Pearson 相关系数		0.241 **	– 0.309 **	0.379 **	0.332 **	0.355 **	– 0.096 **	0.546 **	– 0.740 **	0.809 **
未标准化系数	– 298.501	0.000	– 0.061	0.023	0.010	0.034	0.541	1.503	0.411	9.686
标准误差	4.515	0.000	0.001	0.001	0.001	0.001	0.014	0.072	0.022	0.109
标准化系数		0.096	– 0.267	0.107	0.052	0.223	0.213	0.104	0.202	0.896
t 统计量	– 66.115	19.380	– 70.921	19.601	10.811	32.960	40.052	20.955	18.930	89.200
双尾显著性概率	0.000	0.000	0.000	0.000	0.000	0.000	0.000	0.000	0.000	0.000

　　注：调整 $R^2 = 0.860$；＊＊表示在 0.01 水平（双侧）上显著性相关；P_{op}、PD_{cl}、AI_{rl}、AI_{il}、ED_{region}、AI_{region}、MT、ARH、AT_{max} 分别代表人口、耕地斑块密度、居住用地聚合度、工业用地聚合度、区域景观边缘密度、区域景观聚合度、平均气温、平均相对湿度及平均最高温。

　　基于上述 6 类显著性因子，构建沈阳市城市雾霾指数的多元线性回归模型，如下：

$$f(x) = -298.501 + 0.241P_{op} - 0.309PD_{cl} + 0.379AI_{rl} + 0.332AI_{il} +$$
$$0.355ED_{region} - 0.096AI_{region} + 0.546MT - 0.74ARH +$$
$$0.809AT_{max} \qquad\qquad (4-7)$$

拟合优度显示基于网格尺度的雾霾指数与各因子存在显著关系，双尾显著性概率（Sig.）皆远小于 0.05，模型通过检验且整体准确度较高。各因子中平均最高温度、平均相对湿度、平均气温等气候因素对雾霾影响力值较高，耕地、居住用地及工业用地景观的分布格局对雾霾指数影响力也具有较高的影响。

通过模型预测得到 1985 年及 1995 年两期网格尺度的沈阳市雾霾指数数据，将其赋值到网格中心点并对其进行 Kriging 插值，得到四期沈阳市雾霾空间分布（见图 4-6）。

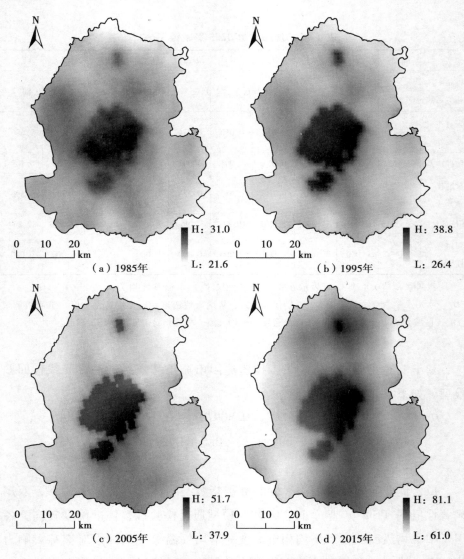

图 4-6　1985~2015 年沈阳市雾霾空间分布

依据《中华人民共和国环境空气质量标准（GB 3059—2012）》中对PM2.5 的浓度限值：PM2.5 一级与二级的年平均浓度限值分别为 15 微克/立方米、35 微克/立方米。沈阳市 PM2.5 年平均值均由 24.5 微克/立方米持续上升至 68.5 微克/立方米，对比标准值可知，沈阳市 PM2.5 远高于一级标准，随时间增长逐步超越一级标准，市区整体属于雾霾的重度污染区，中心城区的雾霾风险指数显著增长。从城市雾霾的极值来看，雾霾指数的值域区间由 [21.6，31] 持续上升至 [61，81.1]，极大值与极小值均增长近 3 倍，虽然近年来沈阳市加大了城市大气污染治理，但城市空气质量相较于 1985 年仍具不断恶化的特征。空间格局显示，1985～2005 年，沈阳市基本形成 "一主两副" 的雾霾重度污染区，其中主城区是雾霾高值区的集中分布地域，而苏家屯、新城子两大组团地区成为雾霾分布的次级峰值地带。至 2015 年，雾霾高值区与城市氧源通道大致相似，这与沈阳市 "南联" 发展策略关系紧密；新城子、苏家屯地区是继主城区后相对活跃的地区，建设用地的持续扩张与社会经济活动强度的提升是其成为雾霾高发区的主要因素之一。分析其原因是 69 微克/立方米以上区域基本为平原地带，是建设用地加速扩张区域，且受大区域自然环境（东部山脉、西部水库及山脉，温带大陆性气候等）影响，雾霾扩散方向主要为南北走向，且中心城区、新城子城区、浑南等地受人口高度集聚、工业产业的集聚发展，加之生态本底的破坏、高密度的建筑影响，雾霾产生频率较大，有效降解与扩散难度偏高，成为城市雾霾的主要产生源之一。低值区则位于市区周边地带，低值区分布凸显了沈阳市生态廊道的重要性，廊道内人类活动程度相对薄弱，相对完整的林地、草地及水域等生态景观类型对空气净化、雾霾削弱具有一定的促进作用。

由于沈阳市雾霾风险呈持续增长趋势并远超国家空气质量标准，为分析雾霾风险的空间异质性和动态演化性特征，对城市雾霾指数进行极差标准化并依据其归一化数据对风险格局进行划分，得到各时间断面下城市雾霾的相对风险概率分布（见图 4 - 7）。

雾霾的相对风险概率由中心团聚状分布逐步向南北条带状格局转变，并

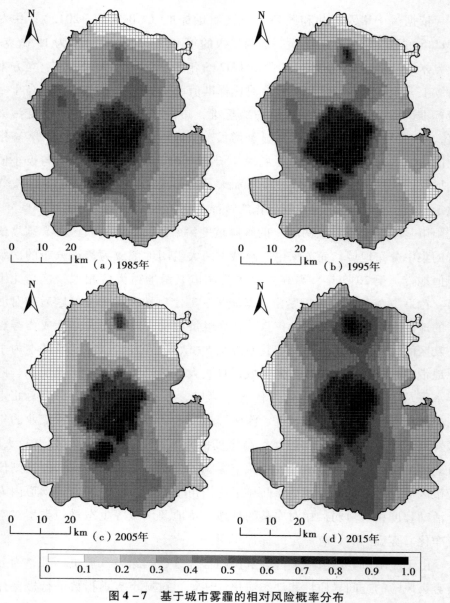

图 4 - 7　基于城市雾霾的相对风险概率分布

在中心城区内形成稳固的高风险聚集区。1985～1995年，该时期主要以中心团聚状格局分布为主，中心城区内及苏家屯、新城子两大组团的雾霾风险逐步提升，主要原因在于该阶段中心城区扩张主要以内部填充为主，两大组团区得到一定程度拓展，在经济发展驱动下的人口与产业的集中使得该时期的雾霾风险增加。2005～2015 年，这一阶段的雾霾风险格局转变为南北条带式。具体来看，2005 年，雾霾风险区主要以南向拓展、北部收缩为主，苏家屯组团区逐步与主城区融合，新城子组团区则成为该时期内孤立的风险热点，这与该时期城市发展的"南联北统、东优西拓"主导开发策略紧密相关，浑南地区得到快速开发，内部逐步实现人口与产业的快速填充。发展至 2015 年，城市雾霾风险基本形成南北轴向分布，新城子组团地区的雾霾风险显著提升，该时期的城市扩张主要以东北—西南向为主，浑河以南、沈北地区均实现较快发展，城市雾霾风险的暴露性随之增长。值得说明的是，雾霾具有显著的空间溢出效应（于冠一等，2018），南北轴带式格局不仅与沈阳市城市扩张主导方向紧密相关，而且地形、风向、生态廊道布局等也是影响城市雾霾集聚与扩散的主要因素。

以 0.3、0.7 为临界值，将城市雾霾的相对风险指数分为低风险区、中风险区及高风险区三类，统计各类型区的面积与人口（见表 4 - 6）。从各风险区面积来看，1985～2015 年的高风险区面积均在 300 平方千米以上，沈阳市超过 8.6% 的面积占比均处于雾霾的高度威胁状态下；中风险区面积基本在 1000 平方千米以上，并在 2015 年达到 1840 平方千米，表明近 1/3 的范围正遭受来自雾霾的影响，尤其以 2015 年的影响范围最大。从雾霾相对风险的潜在暴露性人口统计来看，1985 年的高度暴露性人口占比为 17.8%，发展至 2015 年，高度威胁人口增长至 314.6 万人左右，占比高达 74.9%。在中心城区人口密度持续提升与城市雾霾影响范围逐步拓展双重因素协同作用下，城市雾霾的相对风险影响得到明显增强。

雾霾风险的 Moran's I 指数随空间距离增长均出现先增后降的变化态势，在时间尺度内则呈逐年下降趋势。城市雾霾风险在 3 千米尺度内呈现逐步增长趋势，在临近范围内的空间异质性增强；在 3～10 千米尺度则呈缓速下降状态，尤其是在 6 千米尺度外的 Moran's I 指数曲线变化趋势总体趋于平稳，雾霾风险格局对空间尺度的依赖性持续减弱。四个时间断面下的 Moran's I 指数曲线峰值均为 3 千米尺度，3 千米的空间幅度单元为城市雾霾风险格局对空间尺度敏感点，因此可以 3 千米为基本尺度单元进行雾霾治理（如蓝色及绿色景观配置、工业及居住用地的规划布局、控制建筑楼层高度等）可相对有效地缓解城市大气污染，实现雾霾风险在小尺度范围内的防控与管理。该尺度也是沈阳市城市雾霾格局分析的最优尺度，不仅能够较好地兼顾总体特征还可在一定程度上反映部分细节特征。

表 4 - 6　基于城市雾霾的潜在受险面积及人口

年份		1985		1995		2005		2015	
等级	概率	面积（km^2）	人口（人）	面积（km^2）	人口（人）	面积（km^2）	人口（人）	面积（km^2）	人口（人）
低风险区	0 ~ 0.3	1752	1739228	1946	721687	2220	427303	1286	797681
中风险区	0.3 ~ 0.7	1401	1712849	1125	846009	956	1017554	1840	1631428
高风险区	0.7 ~ 1.0	322	748923	404	3198941	300	3514005	350	3145551

2. 城市生境及其时空尺度特征

生境多样性通过确保生态系统功能稳定及恢复力为人类提供生态福祉，反映了人类活动对区域生态系统的相互作用状况（彭建等，2017；曹祺文等，2018）。生境质量为生物多样性水平的测度提供可靠模型与指标，指数高低可以表征区域生态系统对城市风险的缓解作用力大小。在快速城镇化战略驱动下，中心城区人类活动的增强通过影响物质流、能量流在生境斑块间的循环过程改变了区域生境分布格局及功能状况，已造成大量的生境流失、生境破碎和生境退化等不良后果，对人类福祉产生诸多不利影响（刘慧敏等，2017）。沈阳市作为东北地区人口、经济规模最大的核心城市，该地区在经历快速城镇化带来的人口、经济要素高度集聚的同时，也带来了城市土地利用的转换速度、频度与幅度的加快，造成高强度的土地利用变化，给沈阳市城市生态系统带来巨大压力，生态环境趋于恶化，已严重威胁城市生物生存环境及生态系统安全。

　　基于沈阳市四期土地利用数据利用 InVEST 模型中的生境分析模块进行测度，得到沈阳市 1985 年、1995 年、2005 年及 2015 年生境质量空间分布（见图 4 - 8）。1985 ~ 2015 年，沈阳市生境质量平均值由 0.4344 迅速下降至 0.3670，沈阳市整体生境质量退化趋势显著。尤其在 2005 ~ 2015 年，沈阳市生境质量平均值下降 0.0461，占研究期内生境下降水平的

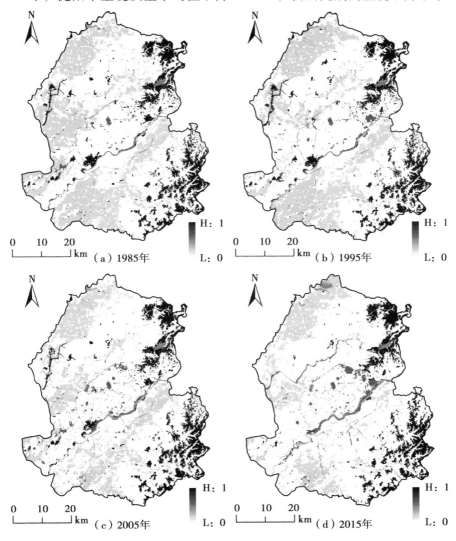

图 4 - 8　1985 ~ 2015 年沈阳市生境质量空间分布

70%左右，生境质量出现迅速退化现象，分析其原因在于，这一时期城市建设用地的爆发式增长加剧了对耕地、草地及林地等生态空间的侵占，导致生物栖息地破碎化严重，生物生存空间急剧压缩。

沈阳市生境质量在不同时间断面下呈现出大体相似的空间格局，主要表现在林地、草地、河流等东部生态用地区生境质量整体水平较高，建设用地区生境质量水平相对较低。中心城区的生境低水平区与建设用地扩张模式显著相关。从各阶段来看，1985～1995年，沈阳市生境质量平均水平仅下降0.01左右，生境退化速度相对缓慢，这一时期沈阳市建设用地主要以填充式拓展模式为主，这一拓展模式使得低水平生境区在主城区实现了内部填充。同时，陨石山、棋盘山等生态区出现生境质量破碎化现象，分析其原因，是经济利益驱动下的工矿用地在该类地区呈散点式分布，破坏了生态用地的完整性，导致生物栖息地的压缩和破碎化，生态系统对城市风险的缓解力出现一定程度下滑。1995～2005年，沈阳市空间拓展模式为外延式增长，在建设用地增长的同时，城市新增长扩张区的生态基础设施建设虽在一定程度上提升了生态基础设施建设地区的生境水平，但受建设用地整体威胁及敏感性相对较高；浑河南部沿线地带的建设用地扩张及生态基础设施建设的匮乏导致该地区生境退化趋于严重。2005～2015年，建设用地的爆发式增长、生态用地的持续压缩是导致沈阳市生境质量持续下降的重要因素，浑河南部地区低水平生境区基本呈连片发展格局，棋盘山、陨石山等东部生态系统区的绿色景观在受到不断侵占的同时，景观破碎化现象越发明显。该时期是研究期内城市生境退化最为严重的一个阶段，蓝绿景观斑块规模的缩小，格局的破碎化导致生物多样性水平下降，对城市物质能量流的流通速度起到阻碍作用，生态系统的服务能力及风险缓解作用出现持续下降趋势。

利用城市生境质量基础数据，计算基于网格尺度的平均生境指数，并转换为风险概率指数，得到基于生境质量的城市生态风险概率分布（见图4-9），平均生境指数越高表明网格生物多样性相对较好，城市生态风险处于较低水平、生态风险防范与缓解能力相对较强，反之则风险越高，缓解能力越弱。

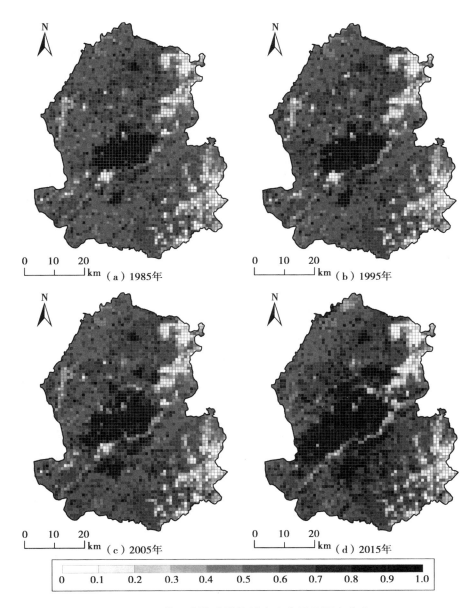

图 4-9　基于生境质量的城市生态风险概率分布

生境质量背景下的城市生态高风险空间分布与建设用地扩张状况紧密相关，中心城区成为稳定的高风险区。在城市扩张背景下，浑南、新城子、道义、虎石台等组团地区的生态风险出现增长趋势，东部生态廊道区域的生态低风险逐步出现破碎化现象。1985 年，沈阳市生态高风险区主要位于主城区并呈连片发展格局，苏家屯、新城子、虎石台等组团地区因建设用地规模较大、生物栖息空间不足而成为生态高风险区；北陵公园地区、浑河北部沿线等大型绿地斑块为维持城市生物多样性提供一定支撑作用，生境质量相对较高；这一时期的东部生态廊道区为城市生物多样性维持提供良好保障，生态风险普遍较低。1995 年，在经历内部填充及边缘拓展后，沈阳市生态高风险区在主城区边缘、浑河南部沿线、苏家屯等地区实现一定程度的蔓延；在临近棋盘山、石人山、响山等地区的耕地景观区受交通基础设施建设影响，生态风险逐步提升；东部生态廊道内受工矿建设、交通建设等要素影响导致生境空间的完整性遭到破坏，破碎化程度逐步增长。2005 年，在浑南大开发背景下，浑河以南的苏家屯区与主城区间逐步实现建设用地的填充，耕地景观遭受破坏，生物多样性水平下降，生态风险高值区在该地区内呈现连片式发展格局；铁西工业区的外迁与虎石台组团扩张，辉山经济区的设立，建设用地对生态空间的压缩效应，浑河以北地区的生态风险高值区基本向东北部及西南部蔓延拓展，浑河北部沿线的绿地遭受破坏，生物多样性的功能维持作用逐步下降。2015 年，张士、虎石台、道义等组团地区逐步实现与主城区的融合，城市建设用地的爆发式增长导致生态高风险区的东北—西南向拓展愈发明显；浑南地区的风险高值区进一步拓展，桃仙机场对建设用地扩张的促进作用、满融及长白岛地区房地产建设的填充作用均是实现其连片蔓延的重要因素。值得注意的是，中心城区的快速扩张逐步压缩棋盘山、石人山等生态空间，生境质量在东部生态系统地带出现明显下降。

以 0.3、0.7 为临界值，将城市生态风险概率分为低风险区、中风险区及高风险区三类，统计各类型区的面积与人口（见表 4 - 7）。高风险区范围呈持续增长趋势，低风险区及中风险区面积范围以收缩为主，尤其以中风险区范围的收缩幅度最显著，年均收缩面积近 3 平方千米。从各风险区面积来看，1985～2015 年的高风险区面积均在 500 平方千米以上并于 2015 年达到 1130 平方千米，沈阳市近 13.5% 的范围遭受生态破坏带来的高度风险，且这一风险范围呈显著提升趋势。低风险区以收缩为主，但收缩幅度较小，表明在城市建设用地的持续扩张下，生境质量的退化多以中风险区向高风险区转变为主，沈阳市生态系统区的完整性遭受一定破坏，生物栖息空间逐步被压缩，生态系统的供给能力及风险缓解能力均呈下降趋势。生态风险的潜在暴露性人口统计显示，高风险区人口增长近 3 倍，而中、低风险区人口整体变化幅度较小。分析其原因，是高、低风险区的景观及社会经济活动存在显著差异性，具体表现在高风险区多为建设用地，承载着区域内大部分人口与经济活动，生态风险概率整体较高，而中、低风险区多为耕地、林地及草地等景观类型，人口密度及活动强度相对较低。为此，防止中心城区建设用地蔓延扩张，降低中心城区人类活动强度，加强中心城区生态基础设施建设，维持耕地、林地及草地等生态用地的完整性是促进沈阳市生境质量回升的重要途径。

表 4 - 7　基于城市生境退化的潜在受险面积及人口

年份		1985		1995		2005		2015	
等级	概率	面积（km²）	人口（人）	面积（km²）	人口（人）	面积（km²）	人口（人）	面积（km²）	人口（人）
低风险区	0～0.3	306	369591	299	409752	290	413428	278	445834
中风险区	0.3～0.7	2642	3193522	2575	3531631	2480	3538611	2067	3315982
高风险区	0.7～1.0	528	637887	602	825254	706	1006823	1130	1812843

生态风险概率的 Moran's I 指数随空间距离增长出现显著下降的变化态势，在时间尺度内则呈逐年上升趋势。生态风险随着研究尺度增大，空间聚集现象趋于减弱，随着城市建设用地的爆发式扩张，城市生态风险的空间集聚性则逐步增强。在 1～2 千米尺度内，Moran's I 指数曲线相对平稳，

生态风险格局对空间尺度的依赖性减弱；而在 2 千米尺度外，Moran's I 指数曲线呈显著下降趋势，表明其对空间尺度的依赖性呈增长状态。以 2 千米网格这一相对平稳尺度进行生态基础设施布局，维持生态系统完整性是缓解沈阳市生态风险、实现城市生态保育的重要途径。

（三） 双重要素扰动下的城市综合风险格局变化

自然扰动与人为干扰均是城市综合风险的重要组成部分，具有不确定性、异质性等特征。在面临自然和人为双重扰动下，城市自身的暴露性显著提升，发展环境变得异常敏感与脆弱。本小节基于自然扰动及人为干扰双重要素视角，结合沈阳市城市扰动因子状况建立安全发展进程中的城市暴露性综合指标体系，以此进行城市综合风险格局的评价。在借鉴相关学者对城市风险研究的基础上（郭汝等，2018；孙华丽等，2018），依据数据的可获取性和可对比性特征对综合风险系统进行 AHP 层次分析法赋权（见表 4 - 8）。

表 4 - 8　沈阳市城市综合风险评价指标体系

系统	子系统层	指标层	指标意义及值域区间	权重
城市综合风险	自然扰动	热岛效应	城市热环境的重要体现，风险概率区间为 [0，1]	0.30
		暴雨内涝	极端气候下的城市风险状况，风险概率区间为 [0，1]	0.35
	人为干扰	雾霾污染	空气污染的重要表征要素，相对风险概率区间为 [0，1]	0.25
		生境退化	人类活动对生物多样性的影响程度指标，风险概率区间为 [0，1]	0.15

利用综合指标体系对沈阳市综合风险概率进行测算，以揭示城市动态过程中综合风险的变化特征（见图 4 - 10）。

沈阳市城市扩张及与风险暴露性相互依存，呈现显著的正相关性特征，沈阳市综合风险概率的平均值由 0.2423 上升至 0.3558，城市综合风

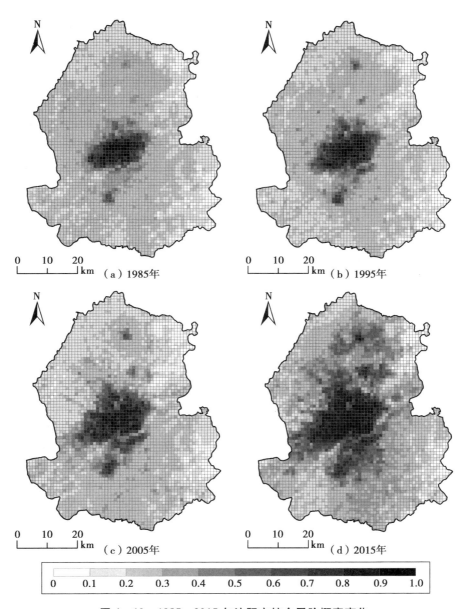

图 4 - 10　1985～2015 年沈阳市综合风险概率变化

险概率持续提高，尤其是 2005～2015 年整体风险概率年均增长 3.62%。
从城市综合风险高值区（综合风险≥0.7）面积来看，高风险区面积由

110 平方千米快速上升至 335 平方千米，暴露性人口则由 3.2 万上升至 388.3 万，分别增长 3 倍和 121 倍，城市高风险区在快速扩张的同时，高度集聚的人口也使城市风险带来的潜在损失和威胁进一步提升。从空间格局来看，沈阳市综合风险经历了单中心圈层拓展—多中心组团发展—多中心蔓延扩张三个阶段。1985 年，沈阳市城市经济发展主要集聚在老城区，工业、商业及居住用地在二环内集聚分布，城市高风险区主要集中分布在老城区，而新城子、苏家屯等组团地区鲜有高风险事故发生。伴随城市内部填充和外围扩展，1995 年的高风险区在主城区内得到拓展并呈现出圈层结构，苏家屯区逐步孕育为城市风险的热点区，成为继主城区之后的又一高风险集聚区。2005 年，高风险区已逐步跨越城市二环线及浑河，在主城区及苏家屯地区之间开始填充，城市风险范围进一步扩张，高风险区在苏家屯组团地区实现一定增长，虎石台、新城子逐步孕育成新的风险热点区。发展至 2015 年，城市综合风险呈现急速扩张并在空间上显示出蔓延、泛化现象，该阶段浑南地区及沈北地区开发、城市功能区调整等使得高风险区面积持续上升，城市居民的暴露性显著增强；苏家屯区、虎石台、道义等组团在融入中心城区进程中其综合风险概率也得到明显提升。总体来看，城市建设用地的扩张与城市风险呈显著相关关系，而城市外围地区的耕地、林地、草地、水域等系统整体风险虽较低，但生态系统面积持续收缩使其对城市风险的综合化解能力明显下降，城市可持续发展面临潜力不足的状况。

　　沈阳市综合风险的全局空间自相关系数由 0.9325 下降至 0.9022，综合风险在地域空间内呈现正相关关系，在区域内存在相对稳定的高风险集聚分布现象。从综合风险的集聚和空间异质性特征（见图 4 - 11）来看，沈阳市大部分综合风险分布在第 1 象限或第 3 象限（排除不显著区域），表明综合风险呈现较强的局部空间特征，即高风险单元与高风险单元相邻、低风险单元周围的风险也较低；在局部地区，聚集也同时存在低—高或高—低的风险异质性区域。空间异质性动态格局显示，沈阳市高—高风险集聚区呈持续扩张状态，与空间格局变化大致相当。1985～2015 年，高

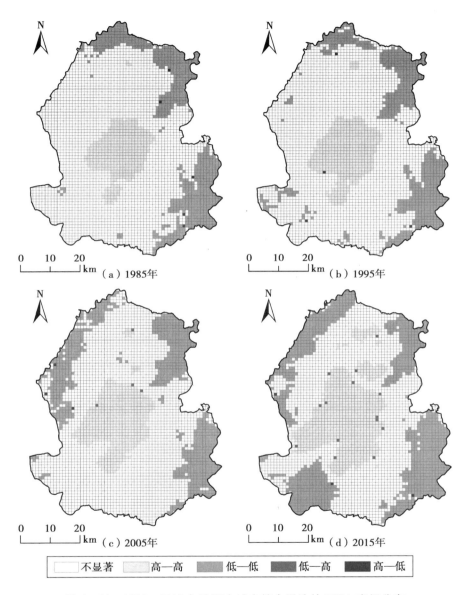

图 4 – 11 1985～2015 年沈阳市城市综合风险的 LISA 空间分布

风险集聚单元主要分布在城市建设用地区域，动态扩张具有空间邻近特征，出现由主城区—苏家屯双核式发展向主城区—苏家屯—新城子多中心式转变，并逐步形成蔓延、泛化趋势。低—低风险单元则以半环状、环状及组团状分布于城市外围地带，1985～2015年，低风险集聚单元主要由北部—东部—南部环带向区域外围环状并进一步演化为东北—西南—西北—东南四大团块状格局，主要为林草地、水域等低风险景观类型，城市风险的提升使得空间分割作用增强，导致风险异质性区域增多。低—高与高—低异质性区域较少且多分布在城市周边及低值集聚区内部。

沈阳市综合风险的 Moran's I 曲线随距离增长出现波动性变化，城市风险以2千米尺度为临界值，2千米尺度内呈快速增长趋势，风险的空间集聚性增强，在2千米尺度外随距离增长而逐步减弱，城市综合风险的关联性随尺度增长而下降，空间集聚性减弱。2千米尺度为综合风险对空间尺度的敏感点，可以较好地体现沈阳市城市风险的空间格局，可以2千米为基本尺度单元进行综合风险防控、安全基础设施规划等均有利于缓解城市总体风险。

三、城市安全发展的生态空间与生态足迹

在城市安全发展过程中，生态空间是城市遭遇威胁后实现恢复的重要保障，是城市安全环境构建的基本要素之一。城市的资源消耗及其承载力则反映了城市可持续发展的状况与潜力。本节基于风险化解的速度与强度，通过源—汇景观平均距离及生态足迹模型方法，对沈阳市城市生态空间的连通及城市可持续发展能力进行分析，以梳理安全发展进程中的城市适应力与恢复力状况。

（一）城市源—汇景观平均距离

根据源—汇景观理论，我们将城市建设用地、未利用地及耕地划分为

源景观，将绿色景观（林地及草地）、蓝色景观（水域）归为汇景观。为分析研究期内的网格平均距离指数时空分异特征，将区域源—汇景观平均距离指数（L_j）依次设定为 1985 年沈阳市全市建设用地、未利用地及耕地与区内汇景观的平均距离指数，分别为 730.67、731.52 和 340.99；将汇景观距离指数设为 0。通过源—汇景观平均距离指数模型计算得到各网格的平均距离指数（见图 4－12）。

　　沈阳市网格平均距离指数由 1.69 上升至 2.19，区域源—汇景观平均距离指数得到显著提升，指数高值区随着城市扩张得到显著拓展，低值区则呈现持续收缩趋势。1985～1995 年，城市平均距离指数得到快速提升，这一阶段沈阳市以内部填充式为主，中心城区平均距离指数下降，沈北及浑南地区，草地及水域等绿色及蓝色景观的扩张对耕地的分割作用、农村居民点范围的扩张均在一定程度上增强了源、汇景观的空间耦合性。1995～2015 年，汇景观总体面积虽处于相对稳定状态但破碎度增长明显尤其是绿地景观，汇景观对源景观的分割作用加强；沈阳市新城战略的实施促使建设用地呈现以主城区为主体的圈层式及以新城为主的"多点开花"式等多种扩张模式并存格局；"一河两岸"的城市发展战略不仅推动城市建设用地向南扩张，也提升了浑南地区的生态基础设施建设水平，部分耕地转换为绿色景观，营造了源—汇景观相对耦合的城市形态。这一阶段的源—汇景观平均距离得到逐步提升，低水平区收缩显著并在耕地连片区形成集聚分布格局。总体来看，受汇景观的分割作用、建设用地扩张对生态基础设施的兼顾及合理布局等因素影响，导致源—汇景观间的空间距离缩短，这为生态用地实现城市风险的分散化、构建多层级风险分散网络提供了相对便利的通道。同时，沈阳市源—汇景观平均距离提升的主导影响因素存在明显差异性和阶段性特征：1985～1995 年，平均距离指数提升主要得益于汇景观的扩张作用；1995～2015 年则主要受建设用地扩张模式多元化、生态基础设施建设等因素综合影响。

　　从网格平均距离指数的空间关联格局来看，全局空间自相关系数由0.38 下降至 0.10，在空间上呈正相关关系，在地域内具有一定的空间集聚

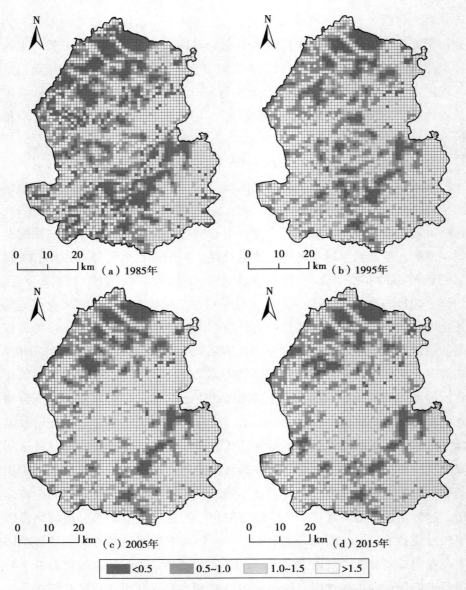

（a）1985年　　　　　　　　　　　　　（b）1995年

（c）2005年　　　　　　　　　　　　　（d）2015年

<0.5　　0.5~1.0　　1.0~1.5　　>1.5

图4-12　1985~2015年沈阳市源—汇景观平均距离指数

特征，但聚集特征逐步减弱。结合空间分布来看，1985年，低值区以散点
或团块状格局分布于沈阳市区域内，高值区主要分布在浑河及东部生态廊

道地区，形成"T"字形分布格局，该阶段的高低集聚分布格局大致为"东高西低，中部高、南北低"；1995～2015年，中心城区扩张显著，逐步延伸到张士、道义、虎石台、苏家屯等地区，建设用地的扩张不仅导致了源景观的破碎化程度增长，还拉近了源—汇景观之间的距离，散点状低值区逐步消失，沈北地区呈团块状分布格局，浑南地区则呈带状分布格局，高值区在区域内分布广泛，二者的相对变化是导致区域空间集聚效应下降的重要原因。

源—汇景观的空间距离逐步缩短虽加大了汇景观的破坏或侵占强度，但在一定程度上提升了城市新增扩张区的风险分担速度。本小节仅从城市风险分散速度出发，忽略汇景观对城市风险缓解的质量与能力，认为区域内源—汇景观距离越短，直接分散速度越快，反之则越慢。基于网格的平均距离指数进行极差归一化处理，依据其表征意义进行划分，得到风险化解速度的空间格局，如图4-13所示。

结合源—汇景观平均距离指标内涵及沈阳市风险化解速度，以0.3及0.7为临界值划分为低速风险化解区、中速风险化解区、高速风险化解区三类，统计各类型区面积及人口总量。得益于城市持续扩张、城市风险化解速度持续加快，东部生态系统邻近区、中心城区内部的风险降解速度得到显著提升。高速风险化解范围由612平方千米上升至1028平方千米，低速风险化解区主要处于耕地连片区的中心地带，距离蓝色及绿色景观相对较远，面积则由1693平方千米持续收缩至1147平方千米，下降比例达到47.6%。各类风险化解速度区的人口及比例显示，风险高速化解区人口由1985年的67.5万上升至2015年的240万；仅对风险化解速度而言，发展至2015年，43%的城市人口在遭遇不确定因素扰动时能够相对较快地实现对风险的规避，而有17.5%的人口仍处于城市风险暴露中。众所周知，合理布局绿色基础设施对于城市风险化解具有显著作用。利用增量空间自相关计算得到四个时间断面下极大值为2千米尺度，表明以2千米为基本尺度单元进行绿色基础设施或开放空间配置是提升风险降解速度的重要途径之一。

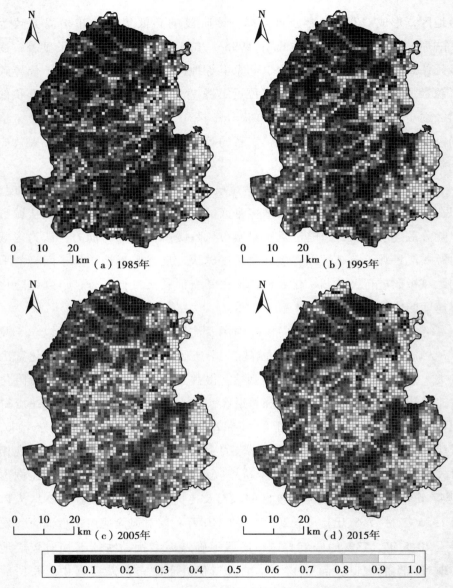

图4-13 基于源—汇景观平均距离的城市风险化解速度分布

（二）城市生态足迹

城市生态足迹是反映城市地区可持续发展的重要指标，本小节利用城市生态足迹相关模型构建网格尺度内的生态足迹指数，用以表征在经历城市居民物质能源消耗后城市剩余发展潜力及化解城市风险的能力或强度。依据沈阳市物质及能源消费情况，在生态足迹测算中采用耕地、林地、草地、建设用地、化石能源用地和海洋六种生产土地类型。其中耕地为最具生产能力的生产性土地类型；林地为可产出木材产品的人造林或天然林；草地属于适合发展畜牧业的土地类型；建筑用地为各类人居设施及道路所占用的土地类型；化石能源用地为人类应保留出用于吸收 CO_2 的土地；水域具有水产品生产能力（郭秀锐等，2003）。利用 1986 年、1996 年、2006 年及 2016 年四个时间断面下的《沈阳统计年鉴》，并基于数据可比性及可获取性原则，选取粮食、食用植物油、蛋类、鲜蔬类、猪肉、牛羊肉类、水产品类、林产品类、电力供应、液化气供应十类物质消费或化石能源消费指标，分别换算为六种生产土地类型。由于这六类生物生产面积的生态生产力不同，需通过均衡因子与产量因子将这些具有不同生态生产力的生物生产面积转化为具有相同生态生产力的面积，以汇总生态足迹和生态承载力，为此，本小节借鉴众多学者对沈阳市的相关研究（靳之更等，2008；Geng et al.，2014），选取辽宁省均衡因子和产量因子，以减少误差。同时，设定在城市居民具有相同的物质及能源消耗量，经统计得到四个时间断面下的人均生态足迹分别为 0.73 公顷、0.74 公顷、0.68 公顷和 0.62 公顷。通过生态足迹指数模型计算得到 1985～2015 年生态足迹指数分布格局（见图 4-14）。

与我国许多大城市情况相似，1985～2015 年，沈阳市生态足迹指数的平均值由 1.65 持续上升至 3.19，城市生态足迹持续高于生态承载力，生态赤字现象趋于严峻，生态足迹指数高值区总体呈圈层式拓展，而生态系统服务空间的压缩导致低值区持续收缩。具体来看，1985～2005 年，受沈阳市中心城区及新城地区人口密度的持续提升、工业发展带来的化石能源利用增长、城市建成区扩张导致的农业及生态用地持续收缩等众多因素影响，沈阳市生态足迹指数高值区范围扩张显著，具有单中心—多中心多轴向—多中心融合地域演化特征；生态足迹指数的低值区发展至 2005 年已基

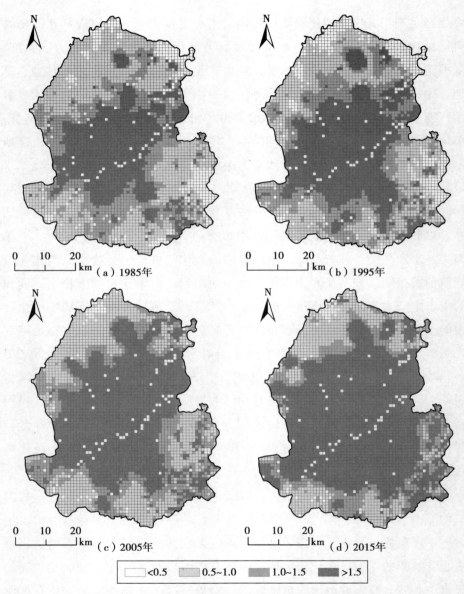

图 4 - 14　1985 ~ 2015 年沈阳市生态足迹指数空间分布

本消失殆尽。2005 ~ 2015 年，沈阳市主城区与新城区基本实现填充式人口增长，中心城区土地功能转换及工业区外迁等不仅推动了主城区内部人口密度的快速增长，还加速提升了工业区及新城地区的能源消耗量，区内足迹高值区加速扩张，面积占比高达 64.44%，人口增长与经济发展双重因子促使东部生态系统用地加速向农业用地转变，绿色景观斑块破碎度增加，生态足迹水平出现急剧下降。至 2015 年，沈阳市生态足迹的中高水平区以半环状格局分布于北部耕地及南部草地—林地系统内。

将生态足迹指数进行极差归一化处理得到城市生态消耗强度指数，利用公式 $RS_i = 1 - CI_i$（RS_i 为网格 i 的风险化解强度，CI_i 为网格 i 的生态消耗强度）计算得到沈阳市在经历内部资源消耗后的风险化解强度分布（见图 4 - 15）。

沈阳市的风险化解强度呈现下降趋势，化解强度平均值由 1985 年的 0.70 下降至 2015 年的 0.46，下降幅度达到 34.3%。同时，风险化解的高强度区（$RS_i > 0.7$）由 2391 平方千米持续收缩至 1236 平方千米，低强度区（$RS_i < 0.3$）面积则由 405 平方千米持续扩张至 1370 平方千米，二者的增长变化是风险化解强度出现减弱的重要因素。空间显示，沈阳市中心城区人口高度集聚，资源基本消耗殆尽，该地区在遭遇城市风险时的化解能力普遍偏弱；而在人口相对稀疏、人类活动强度普遍较弱的城市外围地区，风险化解能力整体较强，通过蓝色或绿色等生态景观可为城市风险化解提供一定的支撑作用。具体来看，1985 年，风险化解能力低值区主要位于浑河以北的主城区内，众多组团地区（如苏家屯、新城子、虎石台等）作为人口的次级集聚中心，资源消耗仅次于主城区，风险化解能力不足现象凸显，但相较于主城区而言，组团地区的低值区面积较小加之外围耕地、绿地等景观面积相对较大，在安全格局中仍可处于相对较高的水平。1995 年，伴随浑南地区的开发及桃仙机场的修建，人口、产业等向该地方集聚，物质能源消耗提升，致使该地区的风险化解能力逐步减弱，这一时期的风险化解强度的低值区主要以南向拓展为主，新城子城区的化解能力减弱，低值范围出现扩张现象。2005 年，低值区基本形成连片发展格局，空间拓展主要位于沈北地区，主城区与众多组团间基本实现填充，加之人口的快速增长、工业区的外迁、新区的建设使得拓展区内的风险化解能力

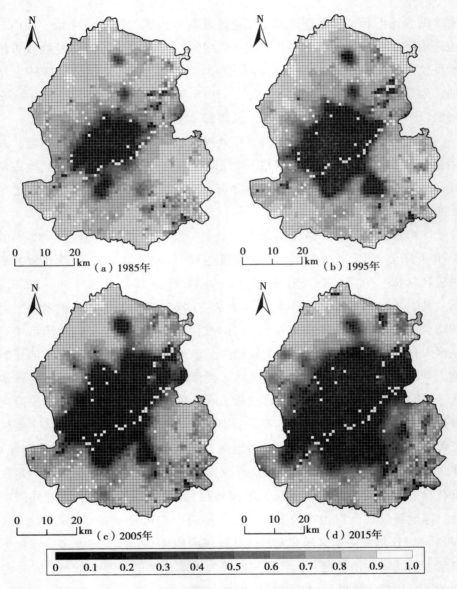

图 4 - 15　基于生态足迹指数的城市风险化解强度分布

持续下降，空间范围进一步拓展，该时期城市西南地带、棋盘山生态屏障区风险化解能力持续降低。发展至 2015 年，该阶段的风险化解能力低值区主要以圈层式拓展为主，空间范围在 2005 年基础上进一步扩张，东部生态廊道区的风险化解能力下降明显。其动态变化揭示了人口高速增长与高度集聚、城市功能调整与建设用地扩张等是城市风险化解能力下降的重要因素，风险化解能力的高值区由环状分布向半环状格局转变。

据风险化解强度的空间关联格局（见图 4 - 16）显示，Moran's I 在由 1985 年的 0.86 下降至 2015 年的 0.83，空间自相关系数均在 0.8 以上，风险化解强度在地域内具有显著的空间集聚趋势，同质聚集格局相对稳固，但同质集聚趋势逐步减弱。沈阳市风险化解强度呈现较强的局部空间特征，即高强度单元与高强度单元相邻、低强度单元周围的风险化解能力偏弱；在部分局部地区同时存在低—高或高—低的风险异质性区域。空间异质性格局显示，沈阳市高—高风险化解区的聚集能力逐步增强，突出表现在沈阳南部的高强度范围逐步由多组团状向半环状格局的转变，景观类型多为耕地、林地或草地等；低—低风险化解区则主要分布在城市建设用地区域，空间范围拓展基本与城市动态扩张类似，具有典型的空间邻近特征。低—高与高—低异质性单元整体数量较少且多分布在城市周边、浑河及高值集聚区周边地带。通过增量空间自相关识别得到 2 千米空间尺度为

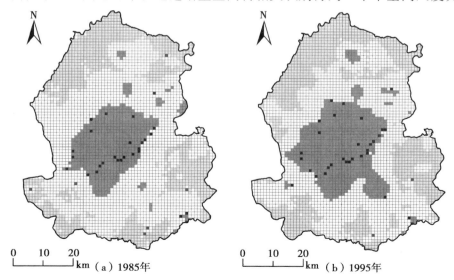

图 4 - 16　沈阳市城市风险化解强度的 LISA 空间分布

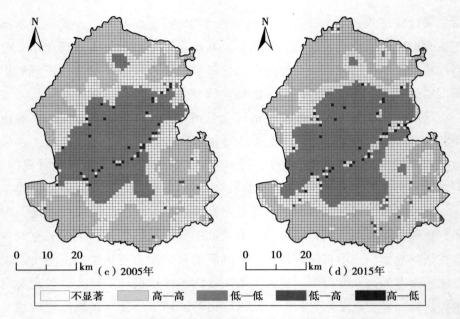

图 4 – 16　沈阳市城市风险化解强度的 LISA 空间分布（续）

提升风险化解能力的最佳尺度，在城市人口高度集聚区域以 2 千米尺度进行人口、产业及绿色基础设施配置有利于提升城市整体的风险化解强度。还应积极倡导城市居民的绿色消费、绿色出行，产业的低能耗转型发展，以降低中心城区的物质消耗与能源消耗。

四、城市安全综合评估及其时空演化

（一）城市安全性三维分析框架及适应性循环模型应用

在城市风险评价中，PSR 模型基于人类与自然环境的相互作用视角出发构建压力—状态—响应指标系统，用以定量评价城市风险或脆弱性，已被广泛应用于可持续发展的众多研究领域。这一模型虽基本回答了"发生了什么、为什么发生、如何做"（What – Why – How）三个连续性问题，但问题根植于"What"这一基本问题，体现了灾害管理、工程管理的基本学科属性。即注重以灾后的风险性评估、短期的工程性措施为主。而城市的安全环境构建具有前瞻性特征，以保障城市在相当长的时间尺度内，系统得以健康运行和可持续性发展，体现城市的韧性发展理念。为此，本小节借鉴韧性概念及自适应性循环系统模型，运用于城市安全的综合评估中，认为暴露、潜力、连通三重属性的交互作用共同驱动着城市安全的动态发展。其中暴露主要指来自城市自身的慢性压力和外部的急性冲击，暴露性要素对城市发展进程具有扰动作用，是促进或滞缓城市安全发展的基础要素之一。例如，有的城市经历风险后会出现快速回升并相较于之前的城市发展状态更具韧性，安全发展环境更优，而有的城市则出现一蹶不振的现象，城市安全环境越来越差。而城市在经历风险后的安全发展状态则是城市对暴露性的重要反馈。无论是城市的反馈作用还是风险的干扰作用都同时遵循着空间异质性，突出表现在城市安全发展状态受各类因素的综合作用影响而呈现地域性特征，风险对城市的干扰受风险范围大小、强弱不一及各类景观要素、社会经济要素等抗干扰能力差异性而在空间上显现出明显的异质性分布格局。同时，城市系统在运行和发展进程中需消耗大量的物质资源与能源，城市发展潜力为城市提供一定的支撑作用。在社会生态系统韧性中潜力主要指评价对象的自身属性，而在城市安全环境构建中潜力是相对有限的，应是在城市自身发展消耗后的剩余价值，良好的城市发展模式在消耗潜力的同时也在不断制造潜力，可为城市可持续发展提供强劲的支撑力。城市风险往往具有空间范围的持续扩大、次生灾害多等放大效应，原因主要在于城市的传导作用或连通作用，因此连通作用具有显著的双重属性特征。即城市风险可通过其传播扩散也可以通过其进行有效缓解。本书立足源—汇景观理论，仅将林地、草地、水域等蓝色及绿色系统作为风险缓解的有效源，利用空间相互作用探讨其在经历风险后的缓解速度。总体而言，"暴露—连通—潜力"视角下的城市安全三维分析不仅注重了安全在空间维度的异质性状况，同时也兼顾了城市安全环境构建中的相互作用关系。

城市发展具有动态演化特征，安全作为城市系统环境的重要组成部分，动态性是其基本属性之一。Gunderson 和 Holling（2002）详细阐释了系统韧性大小与系统所处的适应性循环阶段之间的关系，指出适应性循环周期模型是演化韧性理论的核心内容，这为理解和刻画社会生态系统的复杂性和韧性发展阶段提供了理论支撑。自适应性循环系统将城市发展作为多个生命周期，每个周期内可分为开发、保护、释放及更新四个阶段；城市发展的时间动态维度在适应性循环系统中得到充分体现。在安全环境构建的开发阶段，城市建设用地的持续扩张迅速提升了城市风险发生的概率，连通性持续提升以及潜力逐渐减弱，城市安全发展环境处于低水平。经过长时间的物质积累，城市风险概率稳定在高水平，连通性提升显著，潜力处于较低水平，城市系统灵活度下降、更容易受到内部和外部的干扰，这一阶段被称为安全发展的保护阶段。当城市风险达到一定阈值时，城市系统可能会出现突然崩溃，原始积累迅速释放，城市发展潜力、连通性出现逐步回升，进入释放阶段。在更新阶段，城市风险概率及连通性可能达到最低值，而潜力则处于高水平。

本书借鉴适应性循环模型对城市安全的发展阶段进行相应划分，将城市安全分析的暴露—连通—潜力三维度嵌套于该模型中，形成城市安全的动态评估框架（见图 4 - 17）。其中空间尺度主要从城市安全的三维分析框架出发凸显安全状况的空间异质性特征，属于时空尺度的静态维；时空尺度的动态维主要将安全分析进行时间尺度的延伸，在引入韧性思维的基础上利用自适应性循环模型进行阶段分析、总结发展特征，为不同区域实现安全发展提供差异化发展策略。

（二）城市安全性的综合评估

基于城市安全三维分析框架，采用层次分析法（AHP）对指标进行权重设置（见表4-9）。其中，城市风险的暴露性可被认为是影响城市安全的最重要因素；城市内部自身的化解强度是依据其自身能力缓解风险最重要的支撑要素；汇景观的分解速度则通过外部环境或要素对城市风险缓解提供条件。

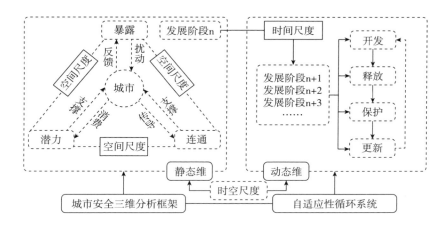

图4-17 城市安全三维分析框架构建及适应性循环分析

表4-9 城市安全综合评估的指标体系

系统层	维度	子系统层	指标层	指标意义	权重
城市安全发展	暴露	干扰强度	城市综合风险	城市安全发展的综合干扰强度，风险概率为 [0, 1]，负向指标	0.5
	连通	分流速度	源—汇景观平均距离指数	生态系统对城市风险的分担距离，归一化值为 [0, 1]，正向指标	0.2
	潜力	化解强度	城市生态足迹	内部消耗后城市发展的潜力状况，归一化值为 [0, 1]，正向指标	0.3

利用城市安全综合评估指标体系计算得到每个网格内的安全指数值，对四个年份下的安全空间格局进行时空演变分析（见图4-18）。1985～2015年，沈阳市的安全指数均值由0.72下降至0.60，变异系数则由0.22

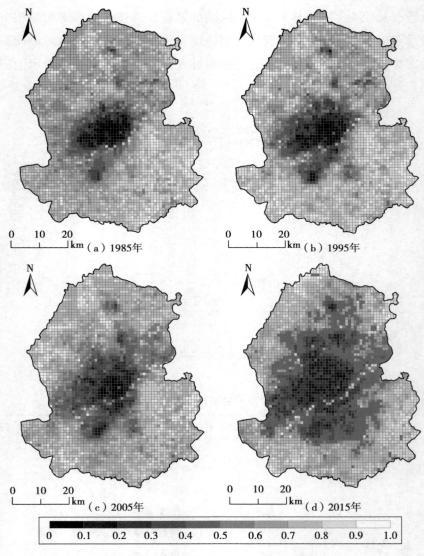

图 4 – 18　沈阳市城市安全空间格局演变

上升至 0.34，城市整体安全状况逐步恶化，安全发展的相对差异逐步拉大，空间分布的不均衡性得到一定程度的提升。从空间格局来看，沈阳市安全低水平区主要位于各个时期的中心城区内并随着中心城区建设用地的迅速拓展而呈现显著扩张现象，城市安全发展与建设用地扩张速度和模式呈现典型相关性。1985 年，低值区主要分布在主城区内，而浑河以南的苏家屯组团地带孕育着安全格局的次低值，安全发展低值区在空间上基本呈"一主一副"的分布格局。1995 年，苏家屯组团地区逐步趋于成熟，成为继主城区后的又一个安全发展的低值热点，这一时期的主城区在西南、南部等方向上均得到一定拓展，苏家屯地区与主城区之间的安全高值区逐步消失。2005 年，安全低值区跨越浑河并实现在浑河以南的快速扩张，苏家屯组团地区的安全指数值进一步降低，空间范围得到一定程度拓展，随着浑南大开发建设逐步与主城区连成片状发展格局，城市安全低值区逐步形成团状发展格局，该时期的新城子、虎石台等组团地区的安全值下降显著，逐步孕育成新的安全低值中心，棋盘山地区随着开发建设影响安全指数呈下降趋势。发展至 2015 年，沈阳市城市安全低值区基本形成蔓延式拓展格局，低值单元在中心城区内实现快速布局，虎石台、新城子等地受人口加剧、建设用地扩张、产业集聚等因素影响逐步发展为安全的不稳定区；受城市生态系统保育滞后、城市建设用地的蔓延扩张、新区建设的影响，东部生态廊道内的安全指数进一步下降，生态系统对城市风险的缓解能力持续减弱。

沈阳市城市安全格局整体呈现"中部低、四周高"的特征，随着时间变化安全指数整体下降趋势显著。Moran's I 显示出沈阳市城市安全的空间形成显著的低值热点区但集聚特征整体趋于弱化。1985～1995 年，沈阳市安全指数的 Moran's I 指数由 0.8763 上升至 0.8943，该阶段的城市内部填充作用使风险在主城区内部逐步增长，城市潜力、连通性因人口的快速集聚而出现持续下降，城市低安全水平单元在城市内部的集聚特征趋于显著。1995～2015 年，Moran's I 指数则下降至 0.8813，空间自相关效应逐年减弱，主要原因在于，该时期城市以外围圈层式拓展或组团式拓展为主，城市风险随城市扩张出现逐步外迁现象，导致低值热点区的空间不稳定性增强。

以 1985 年沈阳市综合安全的重心点为中心网格，选取经过中心网格的南—北向、东—西向、东北—西南向及东南—西北向四条样带，统计网格安全指数值并制成四条样带的安全动态变化图（见图4－19）。

从南—北方向样带来看，在距中心网格以北的27千米处出现安全指数的低峰值，该处位于新城子组团地区，新城子组团地区的南向扩张使得低峰值不仅出现持续下降趋势还呈现风险南移现象。在距中心网格以北的16千米处则为虎石台组团地区，该地区在2015年安全指数急剧下降，主要原因在于，中心城区的蔓延拓展及虎石台组团的快速扩张使得该地区的安全状况持续恶化。随着中心城市的扩张，安全指数低值区在南北方向上均得到明显持续拓展，其中老城区的安全指数得到一定提升，在快速发展的浑河以南地区的安全状况则出现急剧下降趋势。

从东—西方向样带看，在中心网格东部及西部的8~25千米区间，城市安全得分值均呈逐年减弱趋势并在2015年出现急剧下降现象。随着张士组团逐步融入主城区，该地区的城市安全综合得分出现极低值。浑河以南的汪家组团与之相似，城市安全指数在城市蔓延拓展中均出现显著下滑。在距中心网格东部地带的15千米以外，受沈抚新区建设影响，交通基础设施建设及城市建设用地持续扩张导致该地区的暴露性及发展潜力趋弱，城市安全环境出现一定程度恶化。

从东北—西南样带看，在中心网格东北部地带的5千米处，安全得分值出现急剧增长过程并呈现逐步向东北部迁移的状况，分析其原因是中心城区在东北部的扩张具有一定的圈层特征，近邻棋盘山生态屏障区呈现急剧提升状况。在距中心网格的西南地带的15千米地处道义及苏家屯组团中间地带，随着两大组团逐步融入中心城区，该地区的安全得分值出现下降。值得注意的是，棋盘山地区受沈抚新区建设及自身开发影响，生态系统遭受一定程度破坏，内部安全水平出现弱化现象。

从西北—东南样带看，受浑南大开发影响，浑河东南部的5~18千米处，2015年的城市安全综合得分值呈显著的波动下降现象，出现三个低谷值；在距离中心网格20千米范围内整体出现明显下降趋势。在主城区及道义组团的融合发展趋势下，西北部地带的道义组团区出现安全指数的低

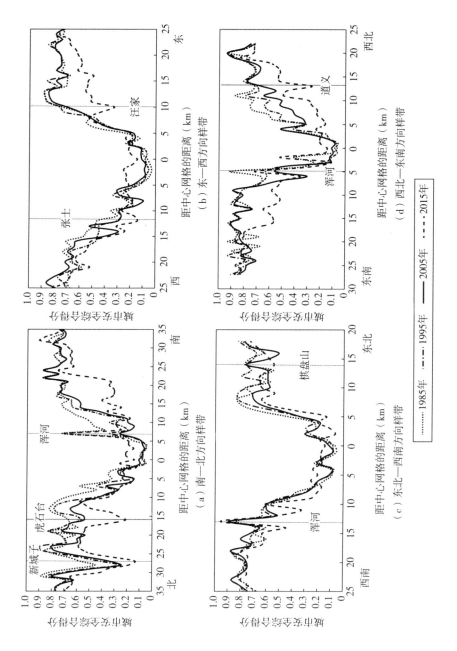

图 4-19 基于样带分析的沈阳市城市安全的变化特征

值区并具有一定的扩张趋势。

依据样带分析得到以下主要结论：①沈阳市城市安全指数总体呈现下降趋势，但空间分布具有显著的地域性特征。蓝色、绿色景观地区的安全性较高，组团地区、中心城区的安全性相对偏低。其原因在于，蓝色及绿色景观社会经济活动强度低、潜力高，连通性强是城市风险缓解的基础保障，因而安全性总体相对较好。组团地区及中心城区主要为建设用地，农业用地向非农用地的性质转变、社会经济活动强度逐步提升是风险偏低的重要因素。②主城区的安全水平得到一定程度提升，在各阶段的外围扩展区则出现下降现象，分析其原因是主城区是城市更新改造的重点地带，内部人口、工业区及居住区的外迁或分散式发展使得城市潜力得到一定增长，风险暴露性出现下降，同时中心城区受城市扩张影响，与汇景观的空间距离得到一定程度提升，二者的协同作用使得中心城区安全水平逐步回升。在新增扩张区，基础设施建设相对滞后性、人口的相对集中、工业区的外迁、用地性质的转变均促使了该类地区的安全性持续下降。③城市安全与城镇规模等级相关，多中心组团式格局有利于实现安全水平的均衡化发展。在研究区内突出表现在城镇组团地区安全性持续下降、中心城区安全性逐步回升，城市安全水平虽呈整体下降趋势但安全环境的均衡性逐步增强。依据增长极及中心—外围理论可知，沈阳市组团地区承担着中心城区的人口截流及风险分担作用，组团地区人口与产业的快速集聚、经济的高速增长在一定程度上促使了自然扰动及人为干扰性因素显著增多。主城区开发较早，属于完全开发地带，人口及产业在达到一定"质量"后必然会出现外迁或转型发展，同时主城区内的综合治理也进一步促使该地区安全环境逐步回升。受主城区扩散机制影响，主城区的人口与产业逐步向扩张地带或组团地区转移，这一转移过程虽促进了扩张地区的经济发展，但也为该地区的安全环境带去了众多潜在干扰要素，如雾霾污染、生境退化等。

（三）城市安全性的适应性阶段

结合城市安全格局的空间分布状况，将城市安全系统分解为暴露、连通及潜力三个维度并嵌套至适应性循环模型中，由此可以在时间尺度上划分城市各环线内安全发展的适应性循环阶段（见图4-20），实现城市安全发展在时间尺度上的动态变化特征分析，总结每个阶段的三维特征。

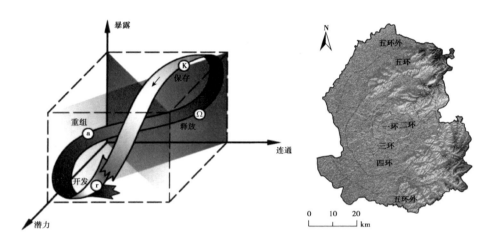

图4-20　城市安全三维框架在适应性循环模型中的嵌套及沈阳市环线划分

注：基于 http://zrzyj. shenyang. gov. cn/html/GTZYJ/152463104896375/152463104896375/null/152939818732821. html 进行沈阳市环线划分。

由于沈阳市城市安全性具有拓展现象，为更好地展现各圈层内的城市安全所处阶段，本小节基于沈阳市环线进行区域划分并对各环线内的暴露、连通及潜力进行平均值计算，采用零均值归一化方法对城市安全的各维度进行标准化，得到沈阳市各环线的暴露、连通及潜力值（见图4-21）。

城市安全在各维度、各地区存在显著异质性。具体来看，城市风险暴露性主要集中在三环以内但各环线动态变化存在一定差异性，一环内风险暴露性随时间增长而逐步降低，二三环则呈现显著增长态势，五环及外围的风险在研究期内处于较低水平，伴随着城市扩张，四环的风险性在2015年快速增长。城市连通性在研究期内均呈现显著提升状态，尤其以三环内最明显。城市潜力在三环内均处于较低水平，但一环内的潜力得到小幅增长，二环潜力的动态变化则相对平稳，三环出现快速下降趋势，五环外城市发展潜力相对充裕，在研究期内均处于较高水平，四环及五环的潜力分别在 1995 年及 2015 年处于快速下降状态，低于不同时间断面下的城市平均值。总体来看，受城市扩张影响，城市安全性低值区基本处于三环以内并逐步蔓延至四环，三环内安全发展环境恶化，沈阳市四环的安全扰动性因素逐步增多，五环及外围地带多为耕地或林草地景观，人类活动相对较少，整体安全性较高。

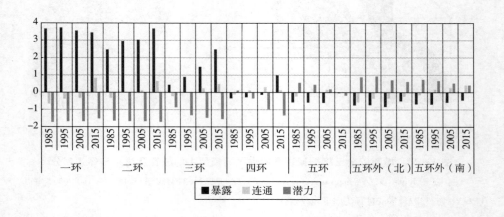

图 4 - 21 沈阳市各环线城市安全的三维评价

受地域异质性、开发时序性因素影响，沈阳市城市安全具有多阶段并存特征，随中心城区的持续扩张，其阶段的复杂性程度逐步加深（见图 4 - 22）。

1985 年，城市开发强度在三环内呈现逐步减弱的发展趋势，一环内人类活动强度最大，二环适中，三环处于较弱水平，一环内的城市安全发展暴露性显著增长、连通性较低，潜力处于较低水平。四环及外围地区的安全发展环境与中心城区的距离呈现负相关性特征，该地区开发影响程度较小，城市化发展进程缓慢，城市生态本底保育良好。五环外的安全发展潜力高，暴露性低，连通性低，四环次之。这一时期，三环内处于适应性循环的开发阶段，而在四环及外围地带则处于重组阶段。

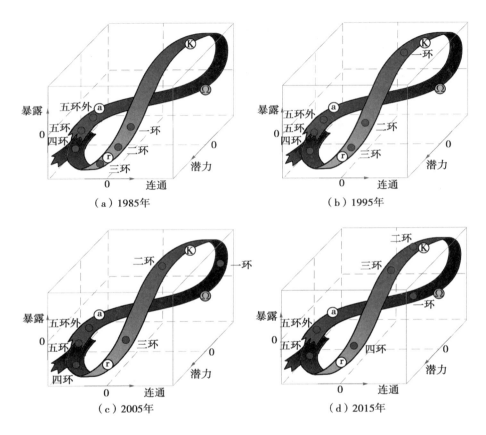

图 4－22　1985～2015 年沈阳市城市环线的安全适应性阶段

1995 年，城市的填充作用及外围扩张使得城市整体安全性进一步下降，一环内的进一步填充使得内部暴露性达到高值点，而在城市开发强度增长背景下二环及三环内的暴露性持续增长；四环及五环地区受城市组团地区扩张影响，潜力水平逐步收缩、连通性有所增长；五环外围地带的安全性变化总体处于相对稳定状态。该阶段，城市一环地区逐步进入安全发展的保护阶段，二三环处于快速开发阶段，而四五环及外围地带整体仍处于安全环境构建的重组阶段。

2005 年，受城市的快速扩张及产业外迁、城市更新、功能调整等因素影响，一环内的城市暴露性呈下降趋势，城市潜力有所提升，连通性相对稳定，区域内进入安全发展阶段的释放阶段，当遭遇超过恢复阈值的强烈扰动时，累积的社会稳定性将在短时间受到严重破坏。二环的风险暴露性及连通性进一步提升，区域潜力逐步缩减，处于安全发展的保护阶段。该时期的三环正处于开发的重要区域内，城市风险逐步增长，潜力降低，连通性得到一定增长，处于安全发展的开发阶段。四环及外围地带的暴露性虽得到一定增长，但潜力及连通性均为城市安全发展提供良好的缓解作用，该区域内耕地、林地及草地虽遭受一定程度破坏但建设用地的扩张幅度相对较小，仍处于安全发展的重组阶段。

2015 年，一环内的城市暴露性进一步下降，潜力逐步提升，连通性得到一定发展，区域内仍处于释放阶段。二环及三环的风险暴露性仍持续增长，发展潜力下降，连通性有所提升，处于安全发展的保护阶段。四环则在城市扩张下逐步开发利用，这给该地区带来潜在的风险暴露性要素，人口及产业的发展则使得区域潜力明显下降，连通性持续增长，逐步步入安全发展的开发阶段。五环及外围地带仍处于重组阶段。

总体来看，一环内经历了开发—保护—释放三个阶段；二三环则受城市扩张影响由开发逐步转入保护阶段；四环由重组转向开发阶段；五环及外围地带整体暴露性低，潜力足，连通性相对提升，在研究期内均处于重组阶段。值得说明的是，在城市发展进程中城市暴露性是不可避免和不可消除的，源—汇景观连通性随着城市扩张而整体提升。在城市安全环境构建过程中，城市管理者应从指挥与控制转变为学习与适应，基于城市内部异质性特征及功能分区进行相应的空间规划策略。处于安全发展的开发阶段环线（三环及四环），在城市扩张过程中应注意加强生态基础设施建设，优化配置生态景观（蓝色、绿色）及灰色景观的空间布局，降低工业能耗，促进传统工业转型升级发展等；处于保护阶段的环线（二环），应积极调整环内的功能格局，增加小规模的生态斑块和生态廊道以促进城市内部生态系统功能的回升，促进人口逐步向三四环线迁移，以降低区内的生态足迹，增强环线内对风险灾害的化解强度；处于安全发展释放阶段的区域（一环内），城市规划者应注重适应风险暴露性，寻找城市创新和转型升级机会，如积极倡导居民的低碳消费和绿色出行活动，适当配置适应安全发展的小型绿色斑块，加强环线内的社会治安管理等；五环及外围地带在研究期内均处于安全发展的重组阶段，该地区多为生态屏障或开发强度薄弱地区，社会经济活动强度普遍偏低，生态保育状况整体较好，安全性相对较高，应注重控制或减少人类活动带来的干扰风险，保持自然生态系统对风险灾害的支撑力和恢复力。

本章小结

本章基于"暴露—连通—潜力"三维视角构建城市安全水平的综合测度指标体系，其中暴露性主要从自然扰动及人为干扰双重要素进行分析，连通与潜力在注重生态空间及景观格局配置效应基础上从源—汇景观平均距离、生态足迹两方面进行定量测度，并将城市安全评估框架嵌入自适应性循环模型中，进行阶段特征分析。

1985～2015年，沈阳市综合风险概率持续提升并在2005～2015年出现迅速增长现象。城市综合风险与建设用地扩张模式紧密相关，在空间格局上经历了单中心圈层拓展—多中心组团发展—多中心蔓延扩张三个阶段。城市综合风险在地域空间内呈现出正相关，在区域内存在相对稳定的高风险集聚区，高风险集聚单元由主城区—苏家屯双核式发展向主城区—苏家屯—新城子多中心式转变，动态扩张具有空间邻近性。

沈阳市源—汇景观连通性水平提升的主导影响因素存在明显差异性和阶段性特征：1985～1995年主要得益于汇景观的扩张作用，1995～2015年则主要受建设用地扩张模式多元化、生态基础设施建设等因素综合影响；源—汇景观连通性在地域内具有一定的空间集聚特征，但聚集趋势逐步减弱。

沈阳市城市风险化解强度出现持续下降现象并呈现相对稳定的同质集聚特征，中心城区人口高度集聚，资源基本消耗殆尽，该地区在遭遇城市风险时的化解能力普遍偏弱；在人口相对稀疏、人类活动强度普遍较弱的城市外围地区，风险化解能力整体较强，通过蓝色或绿色等生态景观可为城市风险化解提供一定的支撑作用。

沈阳市城市安全指数总体呈现下降趋势，但空间分布具有显著的地域性特征。主城区的安全水平得到一定程度提升，在各阶段的外围扩展区则出现下降现象。城市安全与城镇规模等级相关，多中心组团式格局有利于促进沈阳市安全水平的均衡化发展。

沈阳市一环内经历了开发—保护—释放三个阶段，二三环则受城市扩张影响由开发逐步转入保护阶段，四环由重组转向开发阶段，五环及外围地带整体暴露性低，潜力足，连通性相对提升，在研究期内均处于重组阶段。在城市安全环境构建过程中，城市管理者应从指挥与控制转变为学习与适应，立足于城市内部异质性特征及安全水平进行相应的空间规划策略。

第五章

城市要素变化影响安全性的内在机理

　　面对层出不穷的安全事故，地理学者对于城市安全发展问题具有独特的理解和思考。众所周知，在城市动态发展进程中，内部要素的运动及景观格局的变化对城市安全环境具有显著影响，探讨二者的相互关系及机理是城市安全发展环境构建的认知基础与重要途径。本章基于城市动态发展过程（自然及人文要素）及安全性之间的相互关系，从景观格局视角重点探讨城市动态过程中的规模—密度—形态—功能变化与安全发展环境间的内在机理，为构建或优化安全导向下的城市最佳模式提供理论依据。

一、数据来源、处理与研究方法

（一）数据来源与处理

　　经济、人口、高程数据均源于中国科学院资源环境科学数据中心（http：//www. resdc. cn/），其中经济、人口数据有 1995 年、2005 年及 2015 年三个时间断面，数据精度为 1 千米。基于高程数据进行坡度分析得到各网格的平均坡度，将其赋值到网格中心点。夜间灯光数据（DMSP – OLS/NPP – VIIRS）属于遥感影像大数据，是城市社会经济活动强度的重要表征要素之一，数据源于 NOAA（https：//ngdc. noaa. gov/eog/）。1985 年的夜间灯光数据、人口及经济栅格数据均通过趋势分析法计算得到。以城市景观六大类型进行网格尺度内的景观指数批量计算，软件平台为 Fragstats 4. 1。

（二）研究方法

1. 地理探测器

空间分异是自然和社会经济发展过程中的重要规律之一，认知规律及驱动要素是自然、社会不断前进的基础条件（冯兴华等，2019）。地理探测器具有探测多因子在不同空间单元下的不同影响程度及相互关系的能力，是一种有效分析空间分异、揭示驱动因子的统计学方法，已广泛运用于不同尺度下的自然和社会经济问题研究中（Luo et al. ，2016；王劲峰和徐成东，2017）。地理探测器包括因子探测、风险探测、交互作用探测及生态探测四大模块，其中因子探测器主要用于探测因变量的空间分异特征以及自变量对因变量的解释力，交互作用探测器可以用来探测双变量间的交互作用，通过对比单因子及双因子的影响力值能有效判断主导因子和交互作用的方式。其计算公式为：

$$q = 1 - \frac{1}{N\sigma^2} \sum_{h=1}^{L} N_h \sigma_h^2 = 1 - \frac{SSW}{SST} \tag{5-1}$$

$$SSW = \sum_{h=1}^{L} N_h \sigma_h^2, SST = N\sigma^2 \tag{5-2}$$

式中，$h = 1$，2，$\cdots$，L 为自变量 X 的分层；N_h 和 N 为层 h 内和区域内的单元数；σ_h^2 与 σ^2 分别为层 h 和全区的 Y 值的方差；SSW、SST 分别为层内方差之和、区域内总方差；q 为影响因子对区域经济的探测力值，q 的值域区间为［0，1］，q 越大，表明风险因子对区域经济的影响越大，根据 q 值大小可以识别区域经济的主导因子。

交互作用判断依据如表 5 – 1 所示。

表 5 - 1 影响因子对城市安全发展的交互作用方式

判断依据	交互作用
$q(X1 \cap X2) < \min(q(X1),\ q(X2))$	非线性减弱
$\min(q(X1),\ q(X2)) < q(X1 \cap X2) < \max(q(X1),\ q(X2))$	单因子非线性减弱
$q(X1 \cap X2) > \max(q(X1),\ q(X2))$	双因子增强
$q(X1 \cap X2) = q(X1) + q(X2)$	独立
$q(X1 \cap X2) > q(X1) + q(X2)$	非线性增强

注：$X1$ 和 $X2$ 为城市安全的影响因子。

2. 地理加权回归模型

因空间自相关与空间异质性的存在，不同区域的影响因素对于因变量的影响可能不同，其作用方式和强度也均可能存在一定差异，通过 GWR 进行局域估计，以获得更好的拟合优度和更高的准确率（白景锋和张海军，2018；杨俊等，2018）。GWR 模型公式如下：

$$Y_i = \beta_0(u_i, v_i) + \sum_{k=1}^{p} \beta_k(u_i, v_i) x_{ik} + \varepsilon_i \tag{5-3}$$

式中，$(u_i,\ v_i)$ 为第 i 个采样点的坐标，β_0 是模型的常数，β_k 是第 i 个采样点第 k 个回归参数，ε_i 表示第 i 个采样点的残差。β 是地理坐标 $(u_i,\ v_i)$ 的函数，如果 β 与地理坐标无关，式（5-3）就转换为一般线性回归。每个采样点的参数估计与加权距离矩阵相关，加权距离矩阵通过空间权函数构建。不同的空间权函数反映不同的采样点对于当前采样点的影响力。空间权重以观测点 i 周围特定区域内的点为基础，反映与观测点 i 紧密关联的点，并且刻画其关联度的大小。Fotheringhan 及 Charlton 提出了一个单调递减函数来表示空间权重与空间距离的关系，通常采用的是高斯函数：

$$\omega_{ij} = e^{-(\frac{d_{ij}}{b})^2} \tag{5-4}$$

式中，ω_{ij} 表示采样点 i 与采样点 j 间的空间权重，d_{ij} 表示两点之间的距离，b 为带宽，表示距离与权重之间的非负衰减参数。b 值越大，权重随着距离的增减越慢，反之则越快。当带宽 b 趋于无穷大时，所有观测点权重都等于 1；当 b 一定时，距离观测点 i 很远，权重将会趋于 0。

对于带宽的选择非常重要，会对地理加权回归的质量产生影响，Akaike 信息量准则（AIC）提供了一种模型即变量选择方法，将 AIC 用于地理加权回归的带宽选择，通过选取最小 AIC 值对应的带宽来获取最优带宽。

3. 景观格局视角下的城市规模—密度—形态—功能模型构建

（1）城市规模指数模型。在景观生态学中，规模往往用以指斑块的数量、密度或面积。城市动态扩张在规模上的直接反映是灰色景观（建设用地）类型斑块的面积持续增长及农业景观、绿色及蓝色景观面积的收缩（修春亮等，2018）；而在不同发展模式下，斑块的数量及密度呈现不同的发展趋势，如集约型发展往往使得灰色景观斑块数量及密度出现一定的下降趋势，蔓延式扩张则容易导致灰色景观类型的密度及数量出现大幅提升。在城市扩张进程中，灰色景观的拓展是城市规模在地域空间内的重要体现，面积增减则是规模要素变化的直接表征。为此，借鉴景观生态学中景观指数计算方法，以各网格内的建设用地景观的斑块面积比例探讨网格尺度内的建设用地规模状况，模型如下：

$$GS_i = PA_i / GA_i \tag{5-5}$$

式中，GS_i 为网格 i 的规模指数，GS_i 值越大，城市规模水平越高。PD_i、GA_i 分别为网格 i 内的建设用地景观斑块面积及网格面积。

（2）城市密度水平模型。伴随城市化的深入，人口、经济等要素向大城市或特大城市集聚，这不仅促使了城市规模的迅速增长，也推动了大城市要素密度的大幅度提升。人口及社会经济要素成为评判城市规模与密度的重要指标。在城市密度指标中，人类的社会经济活动强度逐步成为不可忽视的要素，而夜间灯光遥感大数据为人类活动强度的测算提供基础数据支撑。为此，综合上述的城市三大要素，借鉴城市地理学研究中的密度及规模测度方法，构建网格尺度下的城市密度模型，如下：

$$GDi = \sqrt[3]{Pop_i Gdp_i NL_i} \tag{5-6}$$

式中，GD_i 为网格 i 的密度指数，Pop_i、Gdp_i、NL_i 分别表征网络 i 的人口密度、经济密度、夜间灯光灰度（DN 值）。

（3）城市组织形态模型。在景观生态学中，城市组织形态是指城市生态系统的结构，用以描述形态格局下的生态系统各部分之间的相互作用关系，主要测度要素包括景观异质性及连通性。景观异质性可以通过香农多样性指数（SHDI）进行量化，而景观连通性则包含了整体景观的连通性及重要斑块的连通性。其中，蔓延度指数（CONTAG）是表征区域不同斑块类型间的团聚程度或延展趋势，是景观层级上连通性测度的重要指标，林地、草地、水域等是城市的生态系统景观类型，对风险缓解具有重要作用，可通过生态系统的斑块凝聚指数（COHESION）测度连通状况。综合考虑形态要素对组织力的影响及参考袁毛宁等（2019）的研究，构建网格尺度下的城市组织形态模型，如下：

$$GM_i = (0.35SHDI_i + 0.35CONTAG_i + 0.3COHESION_i)/SQP_i \qquad （5-7）$$

式中，GM_i 为网格 i 的组织形态水平，$SHDI_i$、$CONTAG_i$、$COHESION_i$、SQP_i 分别代表网格 i 内区域景观水平的香农多样性指数、蔓延度指数、生态系统的斑块凝聚指数及建设用地的正方像元指数。

（4）城市功能强度模型。众多土地利用及景观格局研究均表明，不同的地类或景观斑块可以表征土地利用程度或人类活动的差异。从这一思路出发，本书认为在城市安全发展过程中，不同功能类型及强度对城市安全的扰动程度也存在显著异质性特征。基于张小飞等（2009）的研究，依据城市风险频率及化解强度将城市功能划分为生态功能、农业功能、商服休闲功能、居住功能、工业仓储功能、城市管理功能及其他功能七大类，将各类功能用地进行赋值并归并至相应功能区内，具体设定如表5-2所示。

表5-2　基于安全视角的城市功能分类及其强度赋值

功能	用地类型	赋值	功能	用地类型	赋值	功能	用地类型	赋值
生态	林地	10	城市管理	公共管理与服务用地	8	工业仓储	工业用地	1
	草地	9		公共设施用地	7		物流仓储用地	2
	水域	9		道路与交通设施用地	6	其他（综合）	未利用地	8
农业	耕地	8	商服休闲	商业与服务业用地	4		特殊用地	8
居住	居住用地	5		绿地与广场用地	9		乡镇建设用地	5

基于地类功能强度赋值，借鉴景观利用程度计算公式，构建网格尺度下的城市功能强度模型如下：

$$GF_i = \sum_{j=1}^{n} A_{ij} W_{ij} \qquad (5-8)$$

式中，GF_i 为网格 i 的城市功能强度，A_{ij}、W_{ij} 分别为网格 i 内第 j 类功能用地类型的功能强度赋值和比例。

二、城市要素变化与安全发展环境

城市动态过程是人类长期以来的社会经济活动在地域内的累积性产物，空间异质性是其主要特征。安全发展则是人类建立城市的初衷与需求，受城市发展过程及自然环境扰动影响显著。地理环境作为社会经济活动的基础和载体，城市动态发展无法脱离地理环境要素的约束作用，安全性状况必然存在差异性。具有相同地理环境的地区不一定具有相同的城市过程和安全性状况，因为除自然环境含有城市发展所需的多种要素外，人文环境也是影响城市动态过程及其安全性的重要因素。

本小节利用各时间段的综合安全指数及平均海拔、平均坡度、夜间灯光强度、各类景观指数进行相关性分析，选取相关性相对较高的因子（见表 5-3）。

四个时间断面下，沈阳市城市综合安全与夜间灯光强度、建设用地景观比例及最大斑块指数呈负相关关系，Person 相关系数均达到 0.73 以上，表明人类活动强度越高，建设用地比例及最大斑块面积越大，城市综合安全性则越低；平均海拔、平均坡度两个地形因素与沈阳市安全分布格局总体相关性仅为 0.15 左右，沈阳市地处辽河平原中部，地形平坦，起伏度较低，相对海拔较低，因此，城市安全格局分布受地形因素约束相对较小，相关性相对较弱。耕地作为城市风险的重要缓冲景观，景观类型比例指数及聚合度指数与城市综合安全呈正相关关系，耕地比例越大，聚合度越高，为城市安全提供的保障及缓冲作用越大，城市综合安全则处于较高水平。

表5-3 城市动态过程与城市安全的相关性

年份	平均海拔	平均坡度	夜间灯光强度	$PLAND_{cl}$	AI_{cl}	$PLAND_{ucl}$	LPI_{ucl}
1985	0.190**	0.121**	-0.877**	0.564**	0.716**	-0.743**	-0.736**
1995	0.235**	0.173**	-0.884**	0.521**	0.653**	-0.737**	-0.726**
2005	0.149**	0.107**	-0.886**	0.594**	0.593**	-0.759**	-0.736**
2015	0.225**	0.233**	-0.865**	0.595**	0.624**	-0.801**	-0.793**

注：**表示在0.01水平上显著。$PLAND_{cl}$、$PLAND_{ucl}$、AI_{cl}及LPI_{ucl}分别为耕地景观比例、建设用地景观比例、耕地聚合度、建设用地最大斑块指数。

地理探测器在运行过程中要求输入变量需为类别数据，因此需对连续变量进行离散化处理。依据王劲峰和徐成东（2017）提出的数据离散化处理方法及先验知识，将网格平均海拔、平均坡度、夜间灯光强度、耕地及建设用地景观比例、耕地聚合度、建设用地最大斑块指数等因子利用K均值分类方法分为20类，以城市综合安全指数为因变量将上述7个因子及城市综合安全指数导入地理探测器进行因子探测分析（见表5-4）。

表5-4 城市综合安全指数的影响因子探测

因子系统	因子	1985年		1995年		2005年		2015年	
		q统计量	p值	q统计量	p值	q统计量	p值	q统计量	p值
自然要素	平均海拔	0.1010	0.0000	0.1354	0.0000	0.1476	0.0000	0.1925	0.0000
	平均坡度	0.1283	0.0000	0.1482	0.0000	0.1690	0.0000	0.2009	0.0000
人类活动强度	夜间灯光	0.7777	0.0000	0.7925	0.0000	0.7966	0.0000	0.7961	0.0000
景观格局指数	$PLAND_{cl}$	0.5091	0.0000	0.4246	0.0000	0.4249	0.0000	0.4627	0.0000
	AI_{cl}	0.5258	0.0000	0.4393	0.0000	0.4399	0.0000	0.4221	0.0000
	$PLAND_{ucl}$	0.6205	0.0000	0.5773	0.0000	0.5909	0.0000	0.6525	0.0000
	LPI_{ucl}	0.5906	0.0000	0.5512	0.0000	0.5489	0.0000	0.6322	0.0000

1985～2015 年，城市安全的主导性因子稳定，夜间灯光指数对城市安全的影响力值均在 0.75 以上，人类活动强度对城市安全具有显著影响；城市建设用地的景观格局指数均在 0.55 以上，成为仅次于人类活动强度而影响城市安全的第二主导因子；耕地的相关景观指数均出现下降趋势，城市安全发展进程中耕地对暴露性风险的缓解作用逐步下降。影响因子的两两交互作用会增强对城市安全的解释力；城市安全的主导交互因子在研究期内出现转换，人类活动强度与耕地景观类型比例指数的协同作用在 1985～2005 年成为主导交互因子，交互因子影响力值均达到 0.84 以上，而人类活动与建设用地景观类型比例指数的交互影响力值为 0.85，成为 2005～2015 年的主导交互因子，表明随着城市的人类活动增强，城市建设用地对耕地的侵占范围进一步拓展，耕地对风险的缓解作用出现下降，建设用地的扩张成为影响城市安全的主要因素之一。

（一）自然要素

区域环境是人类社会经济活动的基础性条件之一，包括自然资源、区位等要素。自然要素通过人口分布状况、社会经济活动强度等途径影响区域人地关系动态过程（见图 5－1）。自然要素系统包括地形、资源、区位、气候等众多子系统。在城市动态发展进程中，自然要素系统既是城市系统的重要组成部分，也是城市赖以发展的动力和支撑要素。城市则通过人类活动对自然要素进行利用和改造，使其在动态中实现物质能源的汇集与交换过程。人类活动不仅在城市发展支撑及改造利用这一相互作用中占据主导作用，也是城市动态过程产生的原动力。在人类改造和利用自然的同时，往往容易产生城市发展与自然资源要素的协调或匹配关系矛盾。当自然要素得到高效利用、城市系统的人地环境处于协调发展状态时，城市安全发展环境相对优良、城市韧性达到较高水平，能够有效缓解自然及人为因子的双重扰动并逐步实现城市系统内部优化重组，这一过程是促进城市向更高效、更高韧性水平转换的重要途径之一，如果自然要素出现持续增长消耗及不可持续利用状态，城市系统的人地环境处于失衡状态、城市环境逐步趋于恶化，自然环境的恶化将阻碍城市进一步发展，使城市出现经济发展不持续、生态失衡、文化丧失、制度崩溃、社会紊乱等问题，城市系统难以实现正常运转，潜在风险将持续增长。

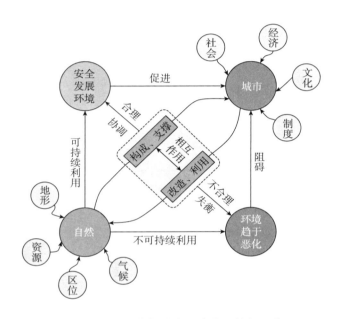

图 5 - 1　自然要素与城市系统发展的相互关系

　　自然要素虽不是导致城市安全变化的直接因素，但对城市安全的宏观布局及长期发展规律具有重要影响，安全环境的构建与人口分布格局、社会经济活动强度及区域景观构成等因素紧密关联，这一相互关系也是直接导致城市安全性的地域分异格局形成的重要因素。众所周知，人口、社会经济分布多集中在地势相对平坦、地形起伏度相对较小的平原地区，相对平坦的地形条件有利于人口集聚、交通布局、经济发展及城市扩张，为城市的孕育、形成与发展提供基本保障。地形起伏度较大、海拔较高地区的人口分布相对稀疏、人类活动强度偏弱，多为林地、草地等生态系统用地。因此，从人类活动与自然环境的相互关系层面看，城市安全发展环境与地形存在一定相关性，尤其在经济差异较大、地形起伏度较高地区表现尤为明显。

　　沈阳市地处辽河平原中部、东北大平原南部，东部为辽东丘陵山地，地势西南低、东北—东南高。城市空间扩张及安全性格局出现西南向拓展现象，东部生态廊道地区内的扩张及风险拓展速度相对缓慢，与沈阳市高程呈现出一定的相关性。在四个时间断面下，海拔与城市安全的相关性由0.101逐步上升至0.193，二者相关性虽较低但随城市扩张呈现稳步提升现象。基于此，为探讨城市综合安全与自然环境的耦合关系，基于沈阳市高程值域区间，以60米、80米、100米及150米为临界值计算不同海拔下的城市安全得分平均值（见图5-2）。

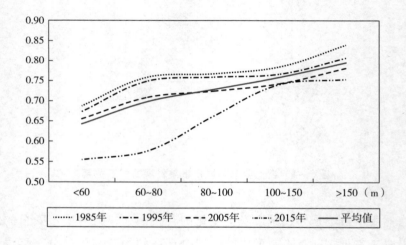

图5-2　沈阳市城市安全发展与海拔的关系

　　在四个时间断面下，沈阳市城市综合安全平均值随海拔升高，由0.64逐步增长至0.80，城市安全环境与海拔呈正相关关系，即海拔越低，城市安全环境相对较差，反之则相对较好。沈阳市主城区及拓展区主要位于市区中部及西南地带，海拔整体较低，在建设用地扩张进程中带来的潜在风险多出现在拓展区内。城市东部地处生态屏障地带，海拔相对较高且多为林地及草地景观，在生态保护需求及政策影响下成为综合安全高值区，区内潜在风险相对较小。按时间段来看，各海拔内的平均安全得分值随时间推移出现下降趋势，下降幅度大体展现了城市安全低值区在各阶段内的空间拓展状况。1985～1995年，城市安全得分值在各海拔区间内虽出现小幅下降趋势但整体发展相对平稳，安全低值区多分布在海拔低于60米的城市区域。1995～2005年，各海拔区间内的安全得分均值出现明显下降状况，尤其以80米区间最显著，低值区仍以海拔60米以下的城市区域为主。伴随城市的快速扩张与扰动因子的增长，2005～2015年的安全低值区基本分布在海拔80米以下的城市区域内，这一时期海拔较低地区成为城市拓展的重点地带，安全环境在地类性质转换、人口快速集聚中逐步趋于恶化；而在80～100米的海拔区间，该时间段内的城市安全均值呈明显下降趋势，表明沈阳市较小的相对高程不足以成为制约城市扩张与城市风险增长的因素，政策条件约束（如城市扩张边界控制、生态系统保护、耕地红线划定等）则将成为城市安全环境构建的保障途径之一。

总体来看，以地形为主导的自然要素基本塑造了沈阳市城市综合安全的初始格局，即城市低海拔地带的综合安全性相对较低，而海拔相对较高地区的综合安全环境则处于高水平。

（二）人类活动强度

人类活动与区域环境存在相互作用的动态关系，区域环境是人类活动的要素载体，人类活动是区域环境演变的直接动力；人类活动在发展过程中通过资源利用途径不断改造区域环境，区域环境则随人类活动过程进行一系列的物质、资源、能量"流"体交换。作为区域环境中的一部分，城市安全环境自人类创造城市以来便一直存在；而随着人类进入"人类世界"，城市文明的快速发展、潜在暴露性风险随之增长，城市居民对安全环境的追求愈发重视和迫切。

借鉴城市发展阶段及地理环境与人类活动的作用关系，大致刻画出城市安全环境与人类活动强度间的互动关系（见图5-3）。

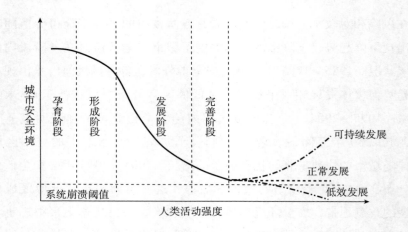

图5-3　城市动态过程中的城市安全环境与人类活动强度间的互动关系

在城市孕育阶段，人类活动强度相对较弱，城市经济与人口处于初始集聚阶段，规模相对较小，城市风险暴露性处于较低水平，人类活动强度与区域环境相互作用程度偏弱，对安全环境的影响相对较小，人类活动强度远没有达到城市系统的承载极限。当城市经济与人口得到一定程度的集聚时，城市步入形成阶段，人类活动对土地利用的需求增大、对区域环境的影响增强，人类与区域环境的矛盾冲突开始加深，城市风险的暴露性增强，但此时人类活动强度对区域环境的压力仍未达到城市安全系统崩溃的阈值。伴随科技水平的提升，区内资源开发利用的深度和广度不断加大，尤其是快速城镇化和工业化时期对资源开采的需求快速提升，城市进入快速发展阶段，城市物质财富、人口得到快速集聚；但与此同时，区域生态系统遭受破坏、环境问题逐步突出、社会安全问题开始凸显，城市的潜在风险在这一过程中呈明显增长态势，城市安全发展及可持续发展水平迅速下降。当系统快速发展至一定阶段时，城市开始步入完善（成熟）阶段，该时期的人类活动强度进一步增强，区域风险已严重干扰城市经济、居民人身安全，社会对安全环境的认知普遍加深，城市居民对安全的需求明显增长，但高度发达的科技水平，大量累积的物质财富等为缓解城市扰动因子提供基础条件，城市安全水平下降速率开始放缓，区域发展环境逐步逼近系统崩溃的临界值。此时，城市发展面临三种方式：可持续发展、正常发展及低效恶化发展，与此相对应，城市安全水平分别出现改善提升、低速缓解和快速下降三种趋势。其中，可持续发展是指城市发展方式由粗放型转向集约型，降低人类活动强度对资源环境的胁迫强度、将安全发展水平控制在系统崩溃临界线以上，逐步实现人类活动强度与安全环境的协调化发展。正常发展则是城市安全水平仍处于缓慢下降状态，下降速率进一步放缓，城市仍面临着众多暴露性风险，区域系统发展仍需实施一系列资源环境的保护措施以避免安全环境的迅速崩溃。低效恶化发展是在城市粗放式发展模式没有得到根本性改变的背景下产生的，人类活动强度的进一步提升使得水土资源、能源等消耗继续快速增长甚至超过资源环境的承载能力，环境污染持续加重，生态环境遭到破坏，潜在风险增长，区域环境的恢复力遭受破坏，城市系统开始趋于崩溃、安全发展环境持续恶化。

沈阳市作为东北地区唯一特大城市，近 30 年来经历了经济快速增长、人口高度集聚的发展过程，人类活动强度显著增强，城市发展进入完善（成熟）阶段，城市扰动要素增长，安全环境趋于恶化。沈阳市夜间灯光指数与城市安全格局相关性呈负相关关系，相关性在四个时间断面下均高达 0.85 以上，表明人类活动越强，风险暴露性越高，城市综合安全水平则越低。基于综合安全的地理因子探测显示出城市活动强度对综合安全指数的影响显著，q 统计量均在 0.75 以上，成为城市安全发展的主导因子。以 30、35、40、45、50、55 及 60 为临界值对沈阳市四个时间断面下的夜间灯光数据进行划分，统计各灰度区间内的平均安全得分值（见图 5-4），以探讨城市综合安全与人类活动强度在空间上的相互作用关系。

从四个时间断面下的均值状况来看，伴随人类在城市地域的高度集聚，社会经济活动显著增强，沈阳市城市综合安全均值由 0.76 下降至 0.23，安全环境与人类活动强度呈负相关关系。即人类活动强度越强，城市潜在暴露风险越多，安全水平则越低。在各灰度区间内，平均安全指数曲线出现两次突变，35 灰度区间以内及 55 灰度区间以外呈现急速下降现象，35 灰度区间多为耕地、林地或草地等景观，此三类景观中的人类活动

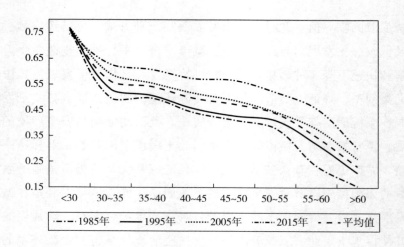

图 5 - 4 沈阳市城市安全发展与人类活动强度变化的关系

对安全环境的敏感性普遍较高，而 55 灰度区间主要为建设用地景观，人口的高度集聚导致人类活动强度普遍较高，进而导致地域内的安全水平相对较低。人类活动强度在城市地域空间内具有明显的中心—外围圈层式衰减特征，这使得 35 ~ 55 灰度区间内平均安全指数下降速率放缓。各时间断面下人类活动强度与平均安全指数的相互关系显示：城市安全水平在各层级人类活动强度均呈现随时间增长而逐步提升的现象。1985 ~ 1995 年的安全水平曲线变化与平均水平线基本保持一致，该时间段内老城区成为人类活动的强聚集中心，人类活动的高度集聚使得该地区成为沈阳市安全水平的低值区；随着人类活动强度在地域空间内的逐步拓展，2005 ~ 2015 年，城市安全水平曲线得到显著提升，并出现以主城区为中心逐步递增的空间格局特征，中心城区未出现明显的突变圈层。在中心城区逐步外扩背景下，沈阳市人口活动强度虽明显提升，但城市的暴露性风险也由单中心聚集逐步向外扩展并形成连绵状分布格局，城市安全水平在地域空间内出现均衡化发展趋势。

　　人类活动强度通过资源改造与利用、物质能量交换等途径对城市安全环境演化过程产生主导作用；在物质能量转换过程中，高密度人口、经济高速发展地区对资源要素的需求往往较高，同时对自然生态的破坏作用相对较大，城市安全的潜在干扰要素则较多，尤其是处于快速发展时期的大城市地区。因此，实现城市人口的多中心分布、功能的多样化布局、经济的集约型发展等措施是城市可持续发展的有效途径。

（三）景观格局过程

从景观生态学视角认知城市安全环境、化解城市风险因子逐步被认为是生态学、地理学和规划学研究的热点问题之一，学术界对城市生态安全格局进行过大量研究。生态安全作为地域系统的组成部分，地域系统与生态子系统一样受景观格局动态变化影响较大，其中人类剧烈活动的城市地区尤为显著。

据城市动态过程中的景观格局变化与城市安全的相互关系（见图 5-5）显示，城市动态过程主要包括城市的规模、密度、形态、功能等要素在地域空间内的增减或转换变化。一般来看，粗放型城市在规模、密度往往较大且形态、功能相对紊乱，而集约型发展城市往往具有规模、密度适中且形态及功能布局相对优良等特征。城市规模、密度、形态等要素通过改变景观斑块的大小、形状、配置结构、相互作用等途径驱动城市景观格局过程，城市动态过程影响景观格局变化，而景观格局变化则是动态过程的空间表征要素。在景观要素中，各类景观及其相互关系产生的生态效应对城市安全环境中的干扰、潜力等要素产生作用，如城市蓝色及绿色景观对城市安全环境具有潜力支撑和风险缓解作用，而城市灰色景观（建设用地）则在一定程度上增强了城市风险强度，从而不利于城市安全环境的构建。城市安全分布格局主要通过影响人类行为、城市风险暴露等途径反馈于城市景观格局过程。安全发展存在于城市动态发展进程中，城市安全环境的构建是每个城市发展阶段的重要需求；无论是城市动态过程还是城市安全环境均可通过景观格局性质、规模等进行表征或优化调整，以达到城市可持续发展的最佳景观模式。景观格局性质、规模及其动态过程则可以通过景观指数进行定量化并充分揭示城市拓展的空间特征及其潜在过程（柴俊勇，2016），从而影响城市安全发展格局。例如，斑块密度、破碎度、形态复杂性、连通性等指数可以用来刻画城市景观的异质性特征，其异质性特征对城市规模、密度、形态及功能均产生相互作用。

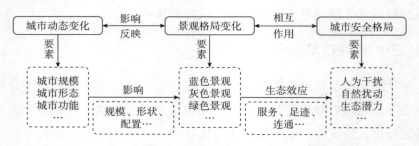

图 5-5　城市动态过程中的景观格局与城市安全环境的关系

沈阳市的高速城市化发展不仅带来了城市活动强度的增强，也进一步提升了城市空间拓展的迫切需求。沈阳市灰色景观在近 30 年中扩张近 4 倍，呈现爆发式增长态势；灰色景观的扩张多以侵占耕地资源为主，耕地景观年均收缩面积近 16 平方千米。在灰色景观的扩张进程中，城市热浪、雾霾、生境退化等暴露性风险提升明显，城市安全水平呈现下降趋势。耕地景观作为风险分散的缓冲地带，能在一定程度上缓解或阻碍风险的扩散与传播，进而达到维持和保障城市系统遭受风险时的损失最小化。沈阳市耕地景观的类型比例指数及聚合度指数与城市安全水平呈正相关关系，其Person 相关系数均在 0.5 以上。在灰色景观（建设用地）的众多景观指数中，类型比例及最大斑块指数与城市安全水平呈负相关关系，Person 相关系数均稳定在 0.7 以上。在因子探测中，灰色景观（建设用地）的景观类型比例及最大斑块指数均高于耕地景观的相关景观指数，表明相较于城市耕地系统的缓解作用，建设用地内部的风险防范与控制才是城市安全发展的重中之重。基于此，本小节仅从耕地及建设用地的类型比例指数出发，探讨城市安全发展与景观格局变化的关系（见图 5-6）。

城市安全的均值曲线变化显示，城市安全水平随耕地景观类型比例的增长由 0.41 逐步递增至 0.74，并在 ［20，40］ 区间内出现明显的突变状

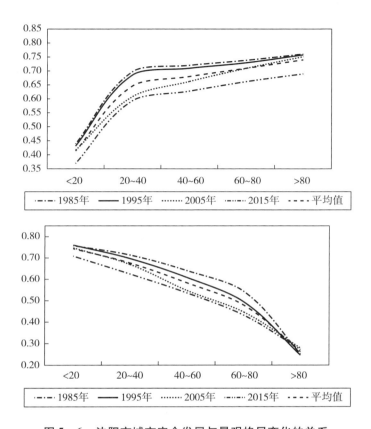

图 5 - 6　沈阳市城市安全发展与景观格局变化的关系

况；随着建设用地景观类型比例的增长则出现持续下降趋势，曲线变化未有突变现象产生。这表明耕地景观面积在基础网格（1 千米×1 千米）中占比不足 40% 时，基础网格内的潜在风险未能得到有效化解，城市安全水平将出现下降现象。与此同时，建设用地在基础网格中所占比例较高造成城市安全水平明显下降，相较于耕地景观，城市建设用地景观的动态扩张对城市安全发展环境更具威胁性。在耕地景观类型比例指数曲线中，城市安全平均值随时间演变呈现整体下降趋势并具有一定的阶段性特征。1985～1995 年，整体下降幅度相对较小，该阶段城市以内部填充为主，外围拓展相对缓慢，耕地景观类型比例指数变化整体较小，城市安全低水平区主要位于中心城区内。1995～2015 年，城市以外围拓展为主，耕地景观破碎化程度提升是导致曲线变化整体下降的重要原因；耕地景观类型比例低于 20 的区域主要位于老城区。建设用地景观与耕地景观呈现相似的变化趋势，即城市安全均值随时间变化而逐步下降。1985～1995 年，城市安全在 [60，80] 区间内呈现显著下降趋势，建设用地的间隙填充作用导致安全水平出现整体下降，结合该阶段城市扩张可知城市安全水平下降区域主要位于主城区内部。1995～2005 年，[40，60] 区间内的安全状况逐步趋于恶化，该时期城市扩张虽开始增速但新增建设用地多为中心城区边缘地带，地带内建设用地在第一阶段中基本实现一定比例的扩张。2005～2015 年，在城区边缘地区的景观格局趋于稳定的背景下，城市发展面临着发展空间不足现象，大量连片耕地或林地逐步被转换成灰色景观类型，这一时期的安全水平下降主要位于 [0，40] 区间内；在建设用地占比 80% 以上的基础网格内，整体安全水平达到较低水平。

如前文所述，在城市动态发展进程中，安全环境与空间拓展模式显著相关。在景观格局层面主要体现在安全水平随耕地景观类型比例破碎化程度增长而下降，建设用地的间隙式填充作用及连片蔓延扩展导致城市安全水平动态变化具有阶段性和区间性特征。在 1 千米 ×1 千米网格中，若出现建设用地连片发展，规划及管理中应在建设用地连片发展区布置 20% 以上比例的绿色或蓝色景观以实现风险的有效缓解，达到维持景观类型多样性的目的；而在耕地或林地、草地等景观区域则应防止景观破碎化、保持景观格局的完整性。

三、基于景观格局视角的城市安全性机理

城市动态过程是以人为主导，对城市地域空间内进行社会、经济、文

化、制度等系统活动在时间尺度内的映射。在这一过程中，人类对城市地域系统的改造和利用强度导致城市各类空间属性存在明显的差异性特征。城市规模、密度、形态及功能不仅是城市系统的重要组成部分，也是城市要素动态发展在空间维度内的属性。该类属性不仅可从人类社会活动强度进行相应表征，还可通过城市地域内的景观格局动态过程进行定量刻画（见图5－7）。

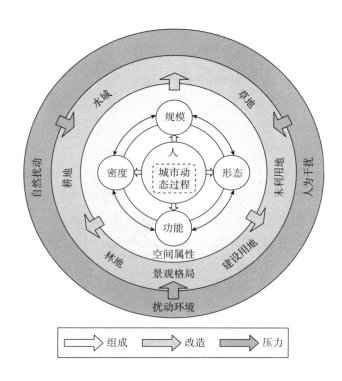

图5－7　基于景观格局视角的城市安全性与发展环境的关系

　　当城市面临自身的累积性压力或外来的急性冲击时，城市内部不同的空间要素对扰动因子的反应会千差万别，如一些灾害和问题对于较小的城市造成的危害并不严重甚至不足以成灾，但却可能使大城市遭受重大打击甚至瘫痪，这其中考察了不同尺度规模与密度对灾害的恢复力状况。建设海绵城市则是从景观格局视角缓解城市内涝灾害最直观的表现，这其中涉及形态与功能布局对灾害的适应力状况。众多学者在研究城市韧性过程中，将良好的适应力、恢复力看成是韧性城市构建的必备要素，是实现城市可持续发展的重要途径之一。众所周知，城市安全环境构建的主要目标与韧性城市构建不谋而合，均是实现城市的健康发展、永续发展，而适应力、恢复力同样适用于城市安全环境构建中。因此，从人地关系理论来看，城市安全发展的本质是城市人类活动与地理环境的相互作用关系在安全需求层面的表现；若人地关系协调则城市的整体安全状况不差，若人地矛盾趋于尖锐则将持续加深城市安全发展的压力，城市恢复力及适应力则处于较低水平，城市发展的可持续性降低。

从人地关系层面看，无论是自然要素、人类活动强度还是景观要素变化均对城市安全格局产生显著影响，影响强度与幅度均可通过景观格局过程实现相对准确的空间表征。为此，本节从景观格局视角出发重点探讨城市动态过程中的要素运动（规模、密度、形态与功能变化）对城市安全的影响，尝试揭示其内在机理。因此，在通过计算城市网格尺度下的规模、密度、形态及功能指数，在地理加权回归模型基础上设网格中心点坐标为 (u_i, v_i)，依据选取的指标变量及参数设定，构建景观格局视角下的城市安全因素地理加权回归模型如下：

$$y_i = \beta_0(u_i, v_i) + \sum_{i=1}^{k} \beta_1(u_i, v_i) x_{ij}(GS_i) + \sum_{i=1}^{k} \beta_2(u_i, v_i) x_{ij}(GD_i) +$$

$$\sum_{i=1}^{k} \beta_3(u_i, v_i) x_{ij}(GM_i) + \sum_{i=1}^{k} \beta_4(u_i, v_i) x_{ij}(GF_i) + \varepsilon_i \qquad (5-9)$$

以城市安全指数为因变量，以城市规模、密度、形态及功能强度为自变量，利用 ArcGIS 10.1 及 Geoda 软件平台计算地理加权回归（GWR）模型与普通最小二乘法（OLS）模型的相关参数（见表 5-5），进行比较分析；其中模型带宽选择为 AICc 方法、核密度类型选择为 FIXED。

结果显示：OLS 模型中城市安全的各要素对安全水平的解释力均在 72% 左右，GWR 模型的拟合优度在各个时间断面下均明显高于 OLS 模型，解释力均在 79.7% 以上，GWR 模型对景观格局视角下的安全因素具有较

表 5 – 5　OLS 模型与 GWR 模型拟合结果比较

年份	1985		1995		2005		2015	
模型	OLS	GWR	OLS	GWR	OLS	GWR	OLS	GWR
Residual Squares	25. 7827	18. 1559	34. 8456	16. 2788	36. 8462	22. 5291	40. 2394	21. 3134
Sigma	0. 0837	0. 0712	0. 0973	0. 0704	0. 1001	0. 0803	0. 1046	0. 0778
AICc	– 7812. 330	– 8965. 409	– 6702. 930	– 8903. 908	– 6497. 320	– 8043. 468	– 6172. 870	– 8284. 211
R^2	0. 7207	0. 8033	0. 7091	0. 8641	0. 7200	0. 8288	0. 7389	0. 8617
Adjusted R^2	0. 7204	0. 7977	0. 7088	0. 8475	0. 7197	0. 8196	0. 7386	0. 8552
P – value	0. 0000	0. 0000	0. 0000	0. 0000	0. 0000	0. 0000	0. 0000	0. 0000

好的解释力。GWR 模型的 Residual Squares 在四个时间断面下均小于 OLS 模型，总体差距呈现逐步扩大趋势，表明相较于 OLS 模型，GWR 模型更拟合观测数据。按照 Fotheringhan 提出的评价标准，即如果 AICc 的下降值大于 3 就可以比较不同种类的模型拟合程度的显著性，AICc 越小则表明模型的拟合优度越好。本书 GWR 模型中的 Sigma 及 AICc 均低于 OLS 模型，AICc 统计量的适当收敛表明 GWR 模型拟合性更好，可以大大增强模型的拟合强度。因此，即使将 GWR 模型的复杂性考虑在内，其模型精确度仍比 OLS 模型更优。从四个时间断面下的 GWR 模型的拟合优度来看，R^2 随时间推移总体呈现上升趋势，表明城市规模—密度—形态—功能指标体系对城市安全的解释力逐步增强，沈阳市城市安全水平的影响因素逐步趋于简单。

从 GWR 模型的 Local R^2 空间分布显示，本小节建立的地理加权回归模型在不同时间断面下对城市安全的解释程度存在空间异质性特征，且随时间推移解释力高值区出现由中心集中向外围分散的跃迁现象。具体来看，1985 年，各要素对城市安全的解释强度高值区主要位于主城区内，呈单中心式核心—边缘分布格局。1995 ~ 2015 年，GWR 模型对中心城区内部的主城区解释力逐步减弱，而解释力高值区则多分布在组团地带或中心城区边缘地带并形成多个高值聚集区中心。例如，1995 年的苏家屯及新城子组团地带，2005 年的中心城区西部、东部边缘地带及苏家屯组团区，

2015 年的中心城区边缘地带以环状连接六大高值区，表明各要素对主城区安全状况的解释力逐步减弱，在新增扩张区或功能集聚区出现持续增强。GWR 模型解释力较差区域多分布在市区边缘地带，如东部廊道区、南部及北部的农业景观区等地带，该类地区以生态景观或农业景观为主，城市安全水平整体较高，且安全水平受地理要素过程的影响机理相对复杂，使得模型的解释力相对较低。

局部系数的平均值反映了变量对沈阳市城市安全的平均边际贡献程度（隋雪艳等，2015）。在城市安全的影响变量中，除城市组织形态外，其他因素的回归系数统计平均值在四个时间断面下均为负值，表明规模、密度及功能对城市安全环境的构建具有负向作用，组织形态对城市安全发展具有正向促进作用，从各要素对城市安全的贡献程度看，规模对安全环境的影响程度逐步增长，并成为影响安全环境的主导要素，功能及密度的影响力均出现一定幅度提升，形态对城市安全环境影响相对平稳。所有变量回归系数的最大值及最小值的符号均不相同，城市规模、密度、形态及功能对城市安全环境的影响具有空间异质性或方向性特征。

（一）城市规模水平与安全性

城市规模具有综合性，具体包含人口规模、建设用地规模、经济规模、基础设施规模等。在城镇化发展初期，众多学者多聚焦于人口规模的相关研究，并尝试探讨人口规模与城市安全之间的相互关系（刘亚臣，2010）；随着新型城镇化的实施，城市土地集约利用成为城市发展的重要约束性条件；同时城市蔓延式扩张导致建设用地扩张速度远快于人口的集聚速度。无论是城市人口、经济、基础设施的规模都以城市建设用地规模为载体，而建设用地规模则是众多社会经济要素在地域空间内的重要反映；城市建设用地规模状况不仅能体现人类活动强度状况，也是城市发展质量的表征要素之一。从景观生态学来看，城市建设用地属于灰色景观，是人类活动最频繁、影响最剧烈的景观类型之一，因此，以建设用地规模替代城市规模变量对探讨其与安全发展的关系具有更显著的意义。

　　城市规模增长虽是城市社会财富集聚、社会文明进步的有效途径之一，但在经济与人口快速集聚过程中，城市的外部成本也随之上升，内部扰动性逐步呈现出多样性、衍生性、综合性、隐蔽性等特征。城市规模的快速增长大大加剧了城市对资源的消耗，生态足迹持续提升、大城市均面临着生态赤字式发展问题、可持续发展潜力不足。而"重速度、轻质量"的粗放式拓展模式，城市内部地表不透水面面积持续收缩、生态本底遭受破坏，城市热岛、内涝等灾害性事件频发。但在人口、产业的快速涌入与相对滞后的基础设施建设、社会保障制度之间，城市人地系统之间等多重关系逐步趋于尖锐情形下，交通拥堵加剧、空气质量下降、社会犯罪上升、生态环境恶化等"城市病"愈发严重。在现代城市的高度组织化、有序化发展中，非传统安全问题已成为大城市安全发展环境构建的主要威胁，突发性灾害造成的损失和影响更为严重，城市的脆弱性与高度信息化水平使得其极易酝酿成更大的社会危机或次生灾害。

　　城市规模与安全水平的影响总体呈负相关关系，规模对城市中心城区安全发展起显著负向作用、影响模式均呈多中心—阶梯状的特点；规模对城市安全环境的负向效应由"椭圆"格局向"同心圆"格局转变现象（见图5-8）。1985~1995年，城市规模的负向效应大致为椭圆状分布格局、长轴近似正北—正南走向并呈阶梯状逐步向四周递减。其中，1985年影响力强度区主要分布在主城区、苏家屯及道义组团地区，而1995年的负向影响程度高值区在主城区内部出现小幅西迁现象，苏家屯、虎石台及新城子等组团地区在城市扩张影响下，安全环境受规模的负向影响作用显著提升。2005~2015年，城市规模对安全环境的负向效应大致转换为同心圆式，原因在于这一时期中心城区规模在趋于东北、西南等地带快速拓展，基本以主城区为中心形成圆形分布格局。其中，2005年，规模对安全环境的负向影响强值区由主城区附近西迁，影响范围出现小幅度扩张态势，道义、虎石台、桃仙、新城子等地区的规模影响作用相对显著，这一阶段的规模对安全的负向效应强值区呈S形分布。而在2015年，主城区与苏家屯、张士、虎石台等组团基本成为规模负向作用的强值区并在空间

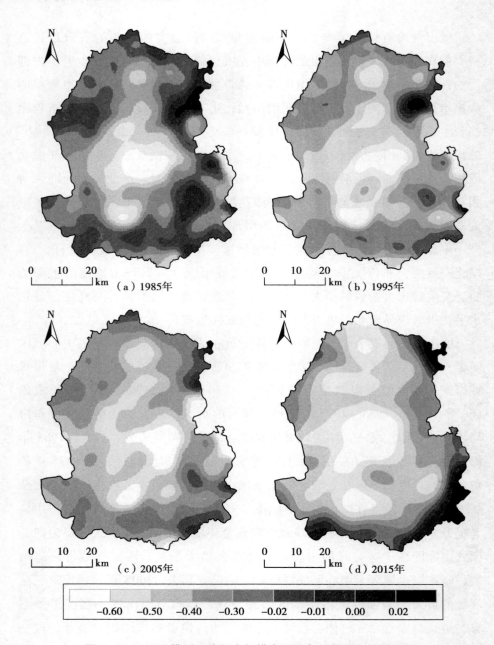

图 5 - 8 **GWR 模型下沈阳市规模水平回归系数 Kring 插值图**

上形成连片发展格局，这与该时期的城市建设用地扩张态势紧密相关，新城子组团地区规模影响范围得到显著扩张，这一时期形成主城区、苏家屯区、沈北新区三大规模效应主导下的高值核心点。总体来看，四个时间断面下的回归系数负值均分布在市区中部地区并呈现显著扩展趋势；在城市扩张作用影响下，市区边缘地带规模对安全发展的敏感性处于较低水平并出现逐步收缩现象，其原因在于城市边缘地带多为耕地或生态景观系统，在城市拓展及旅游开发等众多要素影响下，建设用地对耕地及生态用地的侵占强度显著提升。

（二）城市密度水平与安全性

城市是以人类社会经济活动在地域空间内的有机体。在动态发展过程中受经济利益、基础设施水平、社会福利等要素吸引，往往促使城市形成人口高度集聚、建筑密度提升、社会经济活动强度增长。人口、经济、活动强度等要素的高密度是城市文明发展的外在表现特征，是城市地理学中用以反映一个城市的发展水平或规模水平的重要指标。城市在带给人类社会繁荣的同时，要素的高度集聚加大了城市潜在风险，对城市安全环境构建具有一定影响。具体表现在：①城市的高密度特征加深了自然扰动与人为干扰、传统灾害与新型灾害、原生灾害与次生灾害并存和相互影响背景下城市安全机理的探讨难度。人类构建城市的初衷就是安全需求，把握灾害发生的规律性是城市防灾或构建安全城市的基础。在要素高度集中的城市地区，自身人为干扰程度更深。例如，人口的高度聚集易导致犯罪、恐怖袭击事件的滋生；而城市的高度信息化与高度脆弱性之间的矛盾则是新型灾害产生的"温床"。在众多自然灾害或原生灾害发生时，这一矛盾往往容易促使灾害问题的影响程度加深、空间范围进一步扩散，形成新的次生灾害或社会性问题。在面对纷繁扰乱的多重性危机面前，城市要素的高度集聚则进一步加大了城市灾害规律的梳理及城市地域内人类活动与自然环境间内部机理的深入探讨。②城市动态发展是以人为主导的社会过程，人类不仅是城市文明的创造者，同时也是城市风险产生的重要"源"要素。在发展过程中，高度集聚的人口、经济及社会要素活动加大了地域内的空间、物质能量需求，而城市自然空间逐步收缩、自然资源消耗强度的提升使得城市生态系统功能的平衡性降低，城市自身的风险干扰机会显著增长，从而影响城市安全环境构建。人类在创造城市文明、不断索取自然物质资源的同时，也在向地域内传输大量不可修复的城市污染源，如交通拥堵、资源短缺、环境污染等一系列严重的城市生态环境问题。这不仅改变了城市系统的生态本底，也降低了城市的适应力和恢复力水平，进一步导致城市的可持续发展能力不足。在城市的累积性压力不断增长的状态下，城市系统的正常运行在众多急性冲击时变得滞缓甚至崩溃。③城市社会经济要素的密度提升促使城市建筑向高密度、高强度及高层方向发展，形成垂直方向上的空间利用强度的快速提升。高密度对空间的需求促使城市地域内人工环境相对增多，系统内的环境要素趋于复杂，城市密度的安全容量压力持续增长。同时，在高密度的社会经济环境下，城市的潜在灾害集中性高、风险可能性大、风险种类多、风险管理趋于复杂等特征使得城市运行系统变得异常脆弱。在城市环境复杂及风险增长的双重要素协同影响下，城市的高密度增长成为影响城市安全稳定性的重要因素，形成城市安全扰动持续增长的催化剂。

密度对沈阳市内 90% 以上区域的安全水平起到负向效应，即密度水平越高则安全水平越低，影响模式上大致经历了中心集聚—外围分散—边缘集聚三个阶段（见图 5 - 9）。分阶段来看：1985 年，城市人口、经济及人类活动均高度集聚于主城区内，主城区安全水平随人类活动，产业的集中而整体水平较低，新城子、浑南等组团作为沈阳市两大重要的人口、经济次级中心，安全水平在该时期相对较低，这一时期，城市密度水平对安全的负向作用高值区主要集中在主城区和两大组团地带，形成"一极两中心"的空间分布格局。1995~2005 年，在城市外部扩展影响下，人口增长虽达 20 万，但沈阳市的新城发展战略在促使人口、经济等要素在各新城地区得到快速发展，主城区内部的人口承载压力相对较小。该时间段，密度对安全水平的负向作用中心基本迁移至主城区外围地带，分别在桃仙、

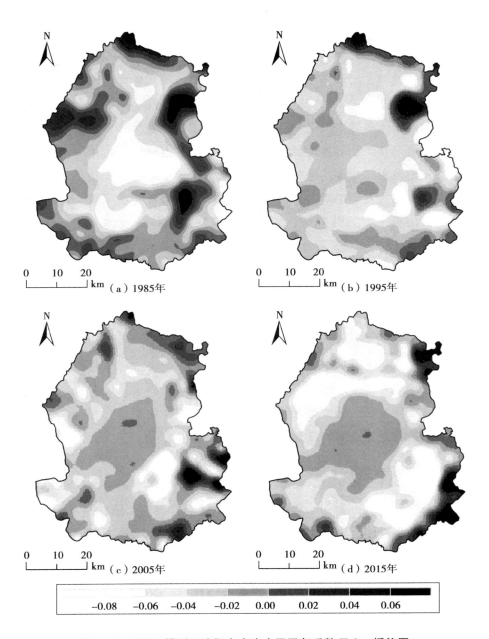

图 5 - 9　GWR 模型下沈阳市密度水平回归系数 Kring 插值图

苏家屯、新城子及桃仙、十里河、大潘等地呈散点状分布，密度的负向强作用中心基本呈现外围分散的空间格局，主城区安全水平受密度的负向影响作用逐步减弱。2015年，密度对主城区安全水平的影响进一步减弱并在空间上形成扩张态势，扩张格局与城市规模状况呈现一定的空间相似性特征。该时期密度对城市安全的负向作用中心在中心城区外围地带基本形成带状分布格局，西北部耕地景观内、西南部陨石山林地景观中分别因为灌溉基础设施及工矿建设用地拓展大致形成强作用中心，并与桃仙、辉山等地基本形成连片发展格局。从回归系数值来看，密度对城市安全的平均回归系数值出现先升后降趋势、正值区域范围呈现持续收缩，这一特征表明：1985～1995年，密度对安全的负向效应逐步减弱，其原因在于沈阳市人口在该阶段增长近75万，其人口的大量涌入导致的空间不均衡性减弱了密度对安全的影响力度，尤其在城市主城区内表现最明显。1995～2015年，密度对城市安全的负向效应逐步回升并呈现增强趋势，该阶段人口增长53.2万，仅为前一阶段的71%，在人口增速放缓、经济快速发展及城市持续扩张背景下，城市密度要素的空间分布在城市中心地带逐步趋于均衡，在外围地带由于用地性质转变及人类活动增强因素影响加强了密度的空间不均衡性特征，导致密度对城市安全的负向作用总体呈增强状态，尤其是新增扩张地带成为密度对安全影响的强值中心。

（三）城市组织形态与安全性

从狭义看，城市组织形态主要用以描述城市建设用地的外围轮廓特征；而从广义看则是表征城市的物质空间构成、各类用地的空间配置及空间组织模式。在研究城市形态对城市环境影响时，多聚焦于狭义层面的形态概念，即关注城市边界轮廓的影响而非内部构成及空间的异质性。例如，修春亮和祝翔凌（2003）认为，当城区人口小于80万人时，城市形态宜为团块形或扇形；在80万～200万人时，宜为星形或指形；超过200万人时则宜选择组团状分布。从景观生态学来看，组织形态应包括景观类型的聚集、连通、多样性等内涵指标及景观要素之间的相互作用关系。集聚间有离析被认为是生态学意义上的最优模式，这一模式保留了生态学上具有不可替代意义的大型自然植被斑块，景观基底满足大小相间的原则，小型斑块的优势得到最优发挥，有利于形成边界过渡带、减少边界阻力，实现区域风险分担等生态学意义。

集聚间有离析模式在城市规划学中得到一定运用，如卫星城、新城的发展。这一模式在城市内部空间上要求建成区与农田、林地、绿化等生态绿地或开敞空间形成镶嵌格局。在遭遇灾害的急性冲击和发展的慢性压力时，城市规模与密度是增加灾害的暴露性和风险程度的直接要素，而城市组织形态则在这一进程中起到缓解或加速灾害风险的辅助作用，如疫病传染、火灾、大气污染等在高度集聚的空间形态中会加剧城市安全隐患；而在间隙式发展模式中则会减缓其扩散或蔓延速度，有利于快速实现城市防灾策略的制定（陈鸿等，2014）。借鉴集聚间有离析模式在生态学中的意义并拓展至城市安全环境构建中，景观斑块的镶嵌式格局可在一定程度上控制城市建成区的无序蔓延，有利于构建山—水—田—城相互协调的城市共生体，提升城市系统的运行效率；而其所保留的开放空间及绿色空间不仅是缓解城市自身累积性压力，提供城市生态系统服务价值实现城市潜力恢复与提升的有效途径，也是急性冲击下实现人口快速疏散和隔离的重要场所。从城市管理和社会效应来看，景观斑块的镶嵌式格局可与防灾分区紧密结合，有利于因地制宜地制定防灾策略及减少社会矛盾、防止新型灾害的发生（张翰卿和安海波，2017）。本小节在关注城市外部形态的基础上更加注重城市内部的组织力程度，认为城市外围形态仅用以表征城市的轮廓，而未能深入诠释内部景观的异质性、连通性对城市风险的缓解作用。基于网格尺度的城市组织形态将城市分割成离散评价单元，但该尺度不仅关注了建设用地斑块在网格尺度内的形态状况，还相对准确地反映中微观尺度下的景观斑块间相互作用状况及其组织力水平。

相较于规模及密度水平，城市安全对组织形态的敏感性相对较小，这也进一步佐证了规模、密度在城市安全中的主导地位，而形态对规模及密度引起的安全问题具有缓解或促进的辅助作用。组织形态对城市安全的影响具有显著的空间异质性特征和方向性特征，其影响模式大致由中心分散逐步向边缘分散转变，并与城市景观格局转变呈现一定程度的相关性（见图5-10）。回归系数的空间格局显示：1985年，组织形态对安全的正向影响高值区主要分布在主城区、苏家屯、辉山等组团地带并形成以主城区为中心的点状集聚格局，该时期城市主城区及组团地带建设用地相对集中、景观类型单一，地区内的景观组织形态水平较弱。1995～2005年，伴随城市建设用地的扩张，苏家屯地区、浑河沿线地区城市组织形态的正向作用区，组织形态在空间区域内的正向效应逐步减弱。2015年，城市的蔓延式扩张及地类转换频率的加快，沈阳市组织水平明显下降，组织形态对城市安全的正向影响范围显著拓展，中心多位于新城子、苏家屯、桃仙、汪家、虎石台等组团地带，组织形态对主城区内部的正向作用逐步增强。从空间格局来看，组织形态对安全的正向效应多集中在城市扩张地带，原因在于城市扩张地区景观类型趋于单一化，蔓延度得到显著提升，城市组织力水平随建设用地扩张而降低，进而降低城市安全环境的稳定性。负向效应则以散点或片状格局分布在东部廊道区内，虽然该地区景观类型相对单一但组织性却处于较高水平。从时间尺度来看，网格尺度内的组织形态水平与城市安全的回归系数平均值逐步下降，在城市扩张背景下组织形态对城市安全的影响力趋于减弱。

（四）城市功能强度与安全性

城市功能是城市产业、交通、信息等要素在城市系统中的构成要素，而功能用地则是要素在城市景观格局上的高度集中，是人地系统相互作用的结果。现有城市功能与安全格局之间的研究多从生态系统功能出发探讨城市的生态安全状况（张小飞等，2009）。从功能层面看，城市作为多功能有机系统，其功能用地方式不仅是城市景观的外在表征要素，也是内部功能在空间上的有效反映指标，探讨城市功能强度与城市安全间的关系有利于推动安全视角下的城市功能在地域空间内的优化调整，以促进城市安全环境的构建。

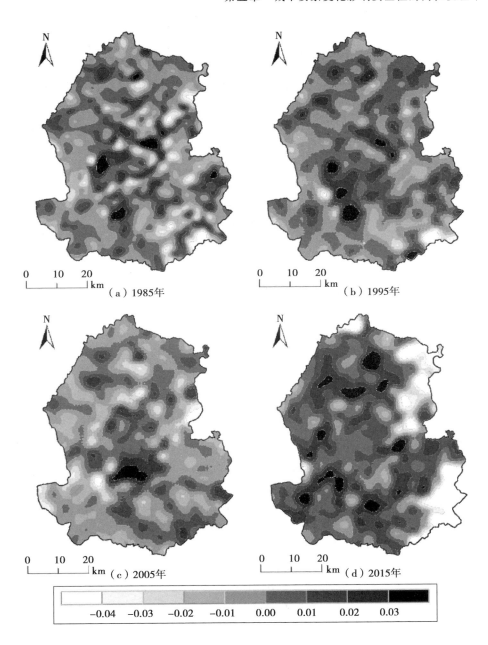

图 5 - 10　GWR 模型下城市组织形态回归系数 Kring 插值图

在城市用地功能与安全关系探讨中，部分学者认为用地功能多样、混合布局地区往往加大了各类风险综合发生的概率（王峤，2013；丁微，2018）。从现实发展来看，城市功能的单一化、高度集聚化往往容易滋生潜在的风险（石婷婷，2016），例如，工业区的高度集聚往往容易产生有毒物质泄漏、爆炸、火灾等安全事故，商业集聚区则在一定程度上容易滋生城市盗窃犯罪、交通拥堵等人为干扰。而在城市安全管理体制、机制、能力和水平相对滞后背景下，城市工业功能及商业功能用地的集聚会导致城市风险概率的提升。同时，城市功能间的不协调状况也会加剧潜在风险暴露性。例如，工业功能与生态功能间的相邻布局不仅加大了空气污染、塌陷、水污染等环境污染问题，还导致了生态系统用地的破坏程度加深、生态系统的修复能力下降，化工企业沿江沿河分布、矿产开采布局在绿色景观地域内。从功能层面看，适度分散的城市功能被认为是大城市安全战略的规划导向之一。从景观生态学来看，各类景观对安全环境的威胁强度和敏感性存在显著差异，有必要引入城市功能强度用以探测功能与城市安全间的关系。

功能强度对城市安全总体呈现负向作用，即功能强度越强则安全性水平越低；在影响模式上主要以散点状分布为主，功能强度对安全性的正负向影响具有方向性与地域集聚特征（见图 5－11）。1985 年，功能强度对城市安全的负向作用中心点主要位于主城区南部及苏家屯、道义、新城子等地区，该地区多为综合功能区地带；正向效应区则位于陨石山、棋盘山等生态系统内，该地区较高的生态功能强度对城市风险具有一定的缓解作用。1995 年，正负向效应强值区空间格局未发生较大迁移但空间范围呈现一定的增减变化，该时期道义、虎石台等负向作用中心消失，主城区东部及苏家屯组团地区的负向效应范围出现明显收缩；西北部耕地景观内部、东部生态廊道区的正向效应范围则呈一定扩张趋势。2005 年，苏家屯、新城子、主城区东部的负向效应仍然存在，其中，新城子、主城区东部地带的负向效应范围出现扩张；该时期沈抚新区、桃仙地区等出现功能强度的负向作用中心点，其原因在于该类地区受新区发展的前期建设、机场基础

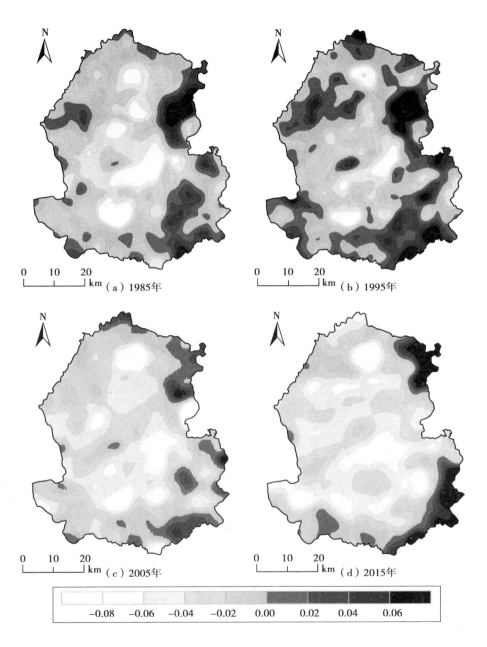

图 5 - 11　GWR 模型城市功能强度回归系数 Kring 插值图

设施建设引起地区内耕地景观、林地景观向建设用地转变；而棋盘山地区、陨石山地区则受旅游开发影响其景观功能由生态功能向经济功能转变，导致了正向影响范围出现收缩。发展至 2015 年，工业用地、居住用地等在浑南地区的快速填充导致功能强度的负向中心点在浑河南部沿线形成片状发展格局；同时，沈北及浑南地区出现两大串珠状负向中心轴带，其中浑南地区主要由大潘、苏家屯、桃仙等组团组成，而沈北轴带范围相对较小。对比四个时间断面下的回归系数空间格局发现，沈阳市出现三个相对稳定的负向效应中心——主城区东部、新城子及苏家屯组团，两处稳定的正向效应中心——棋盘山及陨石山生态屏障区。功能强度对沈阳市城市安全水平的负向效应范围呈现持续扩张趋势，面积占比由 1985 年的 75.7% 逐步提升至 2015 年的 86.6%，均值则出现逐步下降现象，回归系数均值及负值面积占比综合表明，功能强度对城市安全的负向影响起到增强效果。为此，在中心城区内应适度分散城市功能、加强城区内部生态功能用地建设，而在城市生态屏障地带则应注重生态功能的保障措施、防止生态用地的流失。

（五）规模—密度—形态—功能与城市安全发展

无论是孤立地探讨合理规模问题，还是孤立地讨论密度、形态、功能问题，都是很长时期里规划原理和城市政策研究误区和局限所在。城市规模、密度、组织形态和功能强度四者应是相辅相成、统一存在于城市系统中的，这就要求在城市规划实践者转变"唯规模主导"的规划理念，建立起安全视角下的规模、密度、形态与功能"四位一体"、统筹兼顾的思维方式。在城市动态发展过程中，城市规模过大会引发安全问题，城市形态的优化、功能的合理布局则可以减轻规模和密度过大的负面影响，形态不佳、功能分布不协调将加重规模和密度过大所导致的安全问题。为此，在规模、密度过大的城市，应在划定城市增长边界的基础上对城市形态、功能布局提出相应要求；而在集中式布局的城市，则应严格控制规模与密度并形成适度分散的城市功能格局。适度的城市规模、合理的城市密度、优

良的城市形态、适度分散的城市功能格局是城市发展过程中化解急性冲击
和慢性压力的有效支撑和手段。

　　基于规模—密度—形态—功能要素与安全间回归系数的绝对值计算平
均值，并以此为临界值划分为高影响区、低影响区两个层级，进行两两组
合，得到无要素主导、全要素主导、单要素主导、双要素主导、三要素主
导5种要素主导大类和16种要素主导小类，统计各要素主导下的比例、
面积（见图5－12和表5－6）及空间分布（见图5－13）。

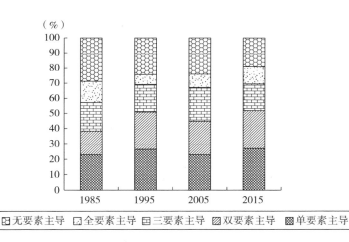

图5－12　1985～2015年沈阳市安全主导因子类型面积比例变化

　　从要素主导大类来看，沈阳市在城市安全发展中的要素影响逐步趋于
简单，规模、密度、形态及功能单一要素影响下的空间范围持续增长并逐
步占据主导地位（见图5－12）。无要素主导面积占比呈现持续收缩现象，
比例由28.74%下降至19.02%，其中2005～2015年无要素主导下的面积
缩减最显著，表明在城市快速发展过程中，沈阳市生态本底逐步遭受破
坏、城市要素转换的空间幅度及频度的加快对安全环境构建具有重要影
响。受规模、密度、形态及功能四类要素主导或其中任意三类要素主导的
面积总体均出现下降现象，面积占比分别由13.97%、19.05%下降至

11.48%、17.62%，沈阳市城市安全的要素交互影响力逐步减弱。单一要素主导下的面积比例由22.99%上升至27.22%，成为沈阳市城市安全的主要影响类型。双要素主导下的面积则增长最迅速，面积占比由15.26%持续上升至24.67%，双要素的交互作用对安全影响逐步加深。

表5-6 规模—密度—形态—功能要素主导下的区域面积及其比例

要素		1985年		1995年		2005年		2015年	
		面积（km²）	比例（%）	面积（km²）	比例（%）	面积（km²）	比例（%）	面积（km²）	比例（%）
单要素主导	S	44.44	1.28	157.39	4.53	158.59	4.56	313.22	9.01
	D	263.02	7.57	343.30	9.88	317.21	9.13	425.39	12.24
	M	357.54	10.29	237.75	6.84	248.84	7.16	160.76	4.63
	F	133.92	3.85	188.26	5.42	73.64	2.12	46.43	1.34
双要素主导	S-F	66.03	1.90	137.08	3.94	271.99	7.83	365.58	10.52
	D-F	94.00	2.70	78.23	2.25	147.18	4.24	64.99	1.87
	M-F	124.59	3.59	129.90	3.74	47.34	1.36	78.66	2.26
	S-D	109.65	3.16	258.00	7.42	75.59	2.18	120.61	3.47
	S-M	20.97	0.60	128.89	3.71	75.76	2.18	86.38	2.49
	D-F	115.04	3.31	111.46	3.21	139.68	4.02	141.00	4.06
三要素主导	S-D-F	474.71	13.66	221.31	6.37	301.88	8.69	312.16	8.98
	S-M-F	69.49	2.00	208.49	6.00	348.11	10.02	147.46	4.24
	D-M-F	31.87	0.92	63.84	1.84	93.29	2.68	121.92	3.51
	S-D-M	85.82	2.47	140.36	4.04	33.80	0.97	31.00	0.89
全要素主导	S-D-M-F	485.38	13.97	232.39	6.69	311.14	8.95	398.86	11.48
无要素主导	N	998.80	28.74	838.63	24.13	831.26	23.92	660.86	19.02

注：S、D、M、F、N分别代表城市规模、密度、形态、功能及无要素。

要素主导小类（见表5-6）面积及比例显示：在单要素主导的安全格局中，密度对城市安全的影响范围呈显著扩张趋势，面积增长近162平方千米，规模对安全的影响则最显著，面积年均增长近9平方千米，二者面积及占比表明规模及密度是影响城市安全格局的基础要素，优化城市规模及合理布局城市要素密度是构建沈阳市安全发展环境构建的首要途径，功能及形态对城市安全的单要素作用力逐步减弱。在双要素主导的安全格局中，规模与其他要素的交互作用会提升对城市安全的影响力。其中，规模与功能的交互影响面积呈现显著增长状态，比例由 1.90% 快速上升至 10.52%，规模—形态、规模、密度—功能、规模—密度双要素主导下的面积增幅较小，密度—功能、密度—形态交互影响作用力明显减弱，空间范围出现收缩趋势，表明在城市安全环境构建中，不仅需注重城市规模的合理发展、实现城市土地集约利用，还应合理布局城市功能区，在重点功能区周边设置一定的绿色缓冲区间以缓解城市功能影响下的安全暴露性给城市安全带来的负面影响。在三要素主导区域内，城市规模—密度—功能的影响范围收缩最显著，形态—功能—规模或密度影响面积则均呈现一定的增长，表明在三要素协同作用区多分布在市区边缘地带，城市形态与功能的作用力相对显著，规模及密度影响力则处于从属地位。总体来看，单要素及双要素主导下的安全格局多以规模、密度为主，而功能及密度在三要素及全要素影响区域的影响则相对显著，不同地域内的安全状况，其主导要素呈现一定差异性。

由主导要素类型比例可知：规模及密度的单要素主导格局下的城市安全增长最显著，双要素中的功能—规模协同影响力范围逐步增强，全要素及无要素主导状态下的作用范围出现收缩，各主导要素及交互要素的影响力有显著的地域分异特征。基于此，本小节重点探讨规模、密度、功能—规模等主导或协同作用力的空间分布状况（见图 5-13）。

单一规模要素影响范围出现由边缘分散向中心集聚的变化趋势，1985年规模主导下的影响范围主要分布在棋盘山、陨石山等林地系统中；发展至 2015 年，空间格局呈带状形态逐步向中心地带集聚，与城市扩张方向保持高度一致性，即东北—西南向扩张。在人类活动逐步增强、要素转换幅度加快背景下，密度要素的主导范围出现持续外迁现象，空间格局则由散点转向片状或带状分布，1985 年的密度影响范围区距城市主城区相对较近并以串珠式格局分布于沈北、浑南区域，2015 年则主要以轴带、片状为

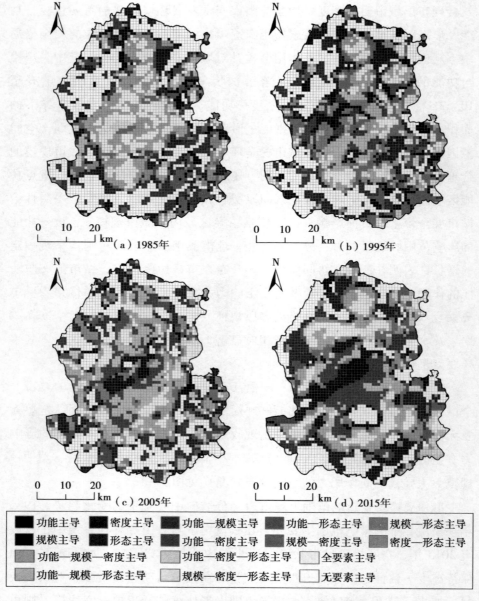

图 5 – 13 城市安全发展的主导及交互要素空间分布

主分布在市区边缘地带，如西北耕地景观区、东部生态廊道区。在双要素交互影响作用中，规模—功能的协同影响范围持续扩张、对城市安全的影响程度增强，影响的地域空间格局显示规模—功能主导下的交互作用由中心分化逐步向中心集聚转变，最终在中心城区形成团聚状格局。全要素影响下的地域分异与规模—功能双要素协同影响的格局呈现相反现象，即作用空间格局随城市功能优化、规模增长影响出现由中心集聚向外围扩散转变现象。1985 年，全要素影响区域主要集中在主城区及两大组团区内，发展至 2015 年，则逐步迁移中心城区边缘地带并呈现散点分布或轴带分布格局。无要素主导下的影响范围主要分布在市区边缘的耕地景观、绿色景观地带并呈持续收缩趋势，空间碎片化区域严重，表明人类活动的增强和无序分布提升了景观要素的空间破碎化程度。

在沈阳市城市动态过程、安全分布格局及 GWR 模型回归系数的时空分布基础上，本节归纳、总结并适当简化要素影响作用的空间异质性，提炼出沈阳市城市安全水平及主导要素的空间结构模式（见图 5 - 14）。

1985 年，沈阳市城市安全低水平区主要分布在主城区内部，地区内承载着城市大部分的人口、经济及产业，城市社会经济活动整体处于较强状态；高度集聚的社会经济活动增强了主城区内部的承载压力，容易滋生风险，潜在扰动要素相对较高。新城子、苏家屯及桃仙等地区是区域内仅次于主城区的重要人口、经济汇集地，城镇规模及综合功能均处于较强水平但并未得到完全开发，发展潜力相对充足，安全状况处于中等水平。东部生态廊道区的小规模开发破坏了生态系统的完整性，相较于其他景观地区，安全影响相对显著。总体来看，主城区安全水平主要受规模、密度及功能等多重要素协同影响，组织形态要素的作用相对较小，组团地区的安全水平则受全要素主导，规模或密度成为生态廊道地区安全水平的主要影响要素。

1995 年，沈阳市主城区内部建设用地实现一定填充，主城区周边地带也得到一定拓展，拓展地带的组织形态重要性开始显现。这一时期众多组团地区的城市规模均实现一定增长，人口、经济要素的汇聚能力显著增强，城市安全水平在组团地区出现一定程度下降，尤其以苏家屯组团最显著。该阶段主城区低水平区在范围上出现一定扩张，规模、密度及功能要素的系统影响仍处于主导地位，桃仙组团则因国际机场修建在形态上趋于合理，安全水平受规模及密度影响相对显著。

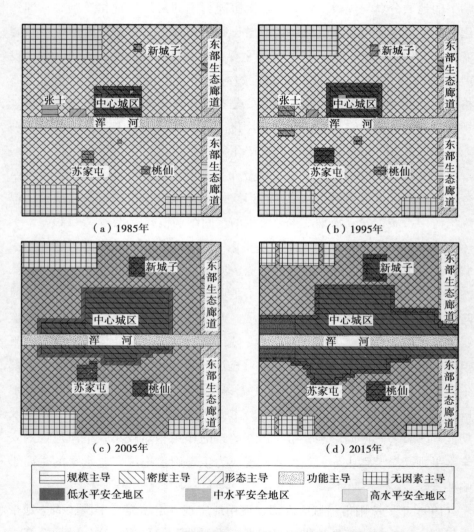

（a）1985年　　　　　　　　　　　（b）1995年

（c）2005年　　　　　　　　　　　（d）2015年

　　　　规模主导　　密度主导　　形态主导　　功能主导　　无因素主导

　　　　低水平安全地区　　　中水平安全地区　　　高水平安全地区

图 5-14　1985~2015 年沈阳市城市安全水平及主导要素结构模型

2005 年，沈阳市中心城区及组团地区均得到快速扩张，中心城区内部功能调整速度逐步加快；浑南地区大开发及苏家屯区的扩张促使二者趋于融合；生态廊道区伴随旅游开发，区内人类活动显著增强，建设用地规模开始增长；城市安全水平相较于前两个阶段均出现明显下滑现象。这一时期，中心城区内部功能调整促使安全水平主要受规模及密度因素主导，而苏家屯、桃仙、新城子等则仍受规模、密度、形态及功能四大要素协同影响。值得注意的是，中心城区内部功能调整（如工业功能）逐步外迁导致主城区内出现明显的功能强度主导区。

2015 年，沈阳市中心城区基本实现与众多组团地区（苏家屯、虎石台、道义、张士等）的融合和内部功能的调整，中心城区安全环境总体趋于恶化，但主城区内部安全水平随城市更新改造及综合治理影响出现一定回升现象，中心城区受规模及密度要素影响相对突出。在桃仙及新城子地区受人口、产业的大量汇集影响，建设用地规模持续增长，空间形态的重要性显现；东部生态廊道区的安全水平随沈抚新区规划及建设影响而出现大范围的规模—密度交互作用区。

总体来看，中心城区安全水平的主导要素随功能调整逐步趋于简单，规模及密度的交互作用一直处于中心城区安全影响要素的主导地位，组团地区在不断增长的建设用地规模承载下，城市安全水平逐步降低，安全主导要素则受规模、密度、功能及形态四要素共同影响。无要素主导区在范围上呈现持续收缩，在空间模式上则趋于破碎化。单一功能强度主导区主要为蓝色及绿色景观内部，东部生态屏障区内的建设用地扩张及要素密度提升逐步破坏了生态系统的完整性，安全影响作用相对较大。沈阳市大部分地区多为耕地景观类型，安全水平在人类活动逐步增强背景下，景观的连通性、破碎化及多样性均对区内的潜在风险具有缓解或隔离作用，密度及组织形态作用在耕地景观的安全水平影响相对明显。

本章小结

　　本章从人文及自然双重视角出发探讨了城市要素变化对城市安全环境的影响，着重从景观格局的动态过程定量刻画了安全性与规模、密度、组织形态及功能强度的关系，提炼沈阳市城市安全性的主导要素结构模型。

　　自然要素虽不是导致城市安全变化的直接因素，但对城市安全的宏观布局及长期发展规律具有重要影响，以地形为主导的自然要素基本塑造了沈阳市城市综合安全的初始格局。人类活动强度通过资源改造与利用、物质能量交换等途径对城市安全环境变化过程产生主导作用；城市安全性与空间拓展模式紧密相关，可通过景观格局性质、规模等景观要素进行优化调整，以达到城市可持续发展的最佳景观模式。

　　规模—密度—形态—功能对沈阳市城市安全水平的解释力逐步增强，城市安全主导性因素逐步趋于简单。城市规模、密度、功能强度与安全水平总体呈负相关关系，三者对城市安全水平的影响具有多中心—阶梯状、中心集聚—外围分散—边缘集聚、散点状等地域分布特征，城市安全对组织形态的敏感性相对较小，影响模式大致由中心分散逐步向边缘分散转变。

　　规模、密度、形态及功能等单一要素影响下的空间范围持续增长，规模、密度在城市安全发展中处于主导地位，形态对规模及密度引起的安全问题具有缓解或促进的辅助作用。中心城区安全水平的主导要素随功能调整逐步趋于简单，组团地区的安全水平随建设用地扩张逐步下降，受规模、密度、功能及形态四要素共同作用。

第六章

基于景观格局视角的大城市
安全发展环境构建

城市景观格局是安全环境的优化与调控的重要途径，大城市安全环境构建中更应注重要素的可控性和冗余性等特征。本章基于城市动态过程与安全发展的内在机理探讨，通过梳理国内外安全发展的经验和启示，从景观格局视角进一步探讨了安全导向下的大城市景观格局的优化模型、内容与策略，以为城市安全发展环境优化与构建提供启示，并对沈阳市城市安全环境优化提出具体对策建议。

一、安全导向下的大城市最优景观格局探讨

（一）大城市动态发展中的安全扰动要素特征

在社会经济的高速发展背景下，城市发展已步入快速增长时期，城市建设用地规模不断蔓延扩大，人口密度及建筑密度不断提高，城市活动强度显著增强。城市文明在进一步积累社会财富的同时，物质要素的失调、空间的高密度发展也促使城市系统的脆弱性、敏感性增强。随着社会扰动

要素增多，人为灾害的潜在风险暴露性逐步增强。城市的快速发展加强了人类对环境的污染，对生态系统的破坏性增强，全球气候变化的异常进一步导致自然及人类双重扰动下的城市安全水平的下降。在不断增长的城市脆弱性及潜在风险双重要素协同影响下，大城市在不断发展过程中的安全扰动要素有以下显著特征。

1. 极端气候导致的城市风险显著增长

快速城镇化进程加快了城市不透水面面积不断扩张的速度，城市的高温热浪、暴雨内涝等气象灾害的发生频率明显提升，极端气候越来越频繁。具体来看，主要包含以下三类：

（1）台风气象灾害频发。我国台风气象灾害多从东部沿海登陆，具有频次多、时间集中、登陆点重叠等特征。台风带来的大风、暴雨等天气容易使城市内部电力、交通等运行系统出现大面积"罢工"，导致城市更易产生众多次生灾害。相对于较小城市而言，台风等气象灾害对大城市造成的威胁更大。我国大城市多集中分布于东部沿海地带，直接使得台风气象灾害成为大城市的重大潜在扰动要素。

（2）高温热浪气候频发。在全国高温日数多、北方高温出现早、南方高温强度大等背景下，大城市的快速城镇化进一步加剧了城市内部气候，我国大城市年平均气温显著提升，其增温速度明显高于全球地表增温速度。其中城市在夏季容易出现持续高温天气，严重影响城市居民的出行安全及生命财产安全。

（3）极端暴雨频繁。我国暴雨灾害具有过程频繁、重叠度高、极端性强等特点。当大城市遭遇暴雨时，由于城市地势相对低平导致雨水汇集量加大、内部植被稀疏形成贮水功能下降、大量硬化地面导致降水渗透性不足、排水管网标准相对较低或建设不完善造成排水不畅等因素影响，城市内部往往容易形成雨洪内涝现象。台风、热岛现象的出现进一步增加了暴雨出现概率、降水集中程度高。极端气候频发考验着城市基础设施容量、维护和运营能力，对城市居民出行、生命财产安全产生诸多不便或威胁，城市安全环境中的风险暴露性进一步提升。

2. 城市扰动要素的多元化、综合化、新型化趋势增强

在深度全球化和快速技术变革背景下，城市系统逐步趋于复杂，而我国大城市面临的扰动要素呈现多元化、综合化特征。具体表现在：

（1）城市扰动要素具有高频率、群发性特点，对于"事故"型小灾害，如安全事故、火灾、城市犯罪等发生的频率较高，城市规模、密度及功能与该类灾害发生的频度呈正相关关系。地震、暴雨内涝、风雪灾害等自然扰动要素则体现出群发性特征，灾害危害时间长、范围广且易形成次生灾害，多方面持续地给城市造成损害。

（2）城市扰动要素具有高度综合性和衍生性特征，城市是一个动态发展的多元综合体，高度集聚的人口及社会经济活动是滋生人为扰动要素的"温床"，在全球极端气候增长背景下，相对滞后的基础设施和不断蔓延的城市规模加大了自然扰动要素对城市的压力。城市的高度流动性、多元化特征使得城市在面临双重扰动因子威胁时变得异常脆弱或敏感。扰动要素的高度衍生性主要体现在其发展速度相对较快，当城市小风险未能得到有效控制时将出现更大的城市灾害，引起更多的次生致灾因子，城市系统的融合性、相互依赖性较强的特征，使得城市安全的扰动因子往往容易形成"多米诺骨牌效应"。

（3）随着新技术的快速发展及扰动要素多元化、综合化趋势凸显，城市规模越大，现代化程度越高，灾害的效应会随着技术进步而放大并扩散至更大区域导致更多衍生性灾害发生（石婷婷，2016）。同时，技术进步还可能衍生新的技术性风险，如通信信息灾害、网络犯罪等，人们对互联网技术的依赖越来越强，技术创新极有可能对城市的生产、生活方式带来颠覆性影响，技术衍生风险具有极强的不可预测性，城市安全发展环境出现区别于传统灾害的新型扰动因子。

3. 大城市的脆弱性、敏感性特征愈发凸显

城市是人口、经济、资源及社会活动高度集聚的综合系统。城市物质空间高度开发，城市扰动要素呈现新的变化特征，如综合性、多元性、隐蔽性、技术性等。当城市遭遇来自外界或自身压力时，由于大城市的要素

高度集聚性、城市生命线设计标准不高、生态本底遭受破坏、现代化程度相对较高等特征，城市自身的高敏感性和低适应性显得尤为突出。同等强度的城市风险对特大城市的破坏力和影响力远大于中小城市，甚至有的扰动要素在中小城市根本不成灾，同时，大城市快速处理风险并迅速恢复生产的适应能力也远小于中小城市。

（二）基于规划视角的城市安全发展经验总结

安全发展环境自城市产生以来便与灾害（扰动要素）同时存在。人类对于扰动要素的认知在经历过农业社会、工业社会及后工业社会后产生了许多转变，由上帝创造的、神秘的诅咒到常态的、可征服的自然产物再转变至不确定性扰动、人类活动的产物，人类对于安全发展理念也由经验式防灾到工具理性的规划并演化至重视风险、关注可控要素、提高韧性能力、实现永续发展（陈鸿等，2014）。总体来看，无论是对扰动要素的认知，还是城市安全发展理念的转变都是人类基于人地关系系统的不断思索和总结。随着大城市发展的扰动要素出现新的变化特征，城市安全环境构建也得到了众多理论与规划实践的有力支撑，对于构建"安全城市、韧性城市"提供更加丰富的、完善的经验。

1. 国外防灾规划视角下的城市安全环境构建策略及启示

国外对安全环境建设多基于极端气候条件变化视角而制定相应的城市发展策略或规划。例如，芝加哥针对热浪、雾霾、暴雨等气象灾害制定了《芝加哥气候保护计划》，荷兰鹿特丹则针对洪水和海平面上升发布了《鹿特丹气候防护计划》，纽约为了全面应对未来极端气候风险、提升城市安全发展水平颁布了《一个更强大、更具韧性的纽约》。无论是纽约、芝加哥还是鹿特丹、奥克兰，虽然城市安全环境建设均从气象灾害风险视角出发，但对于提升城市整体安全（包括人为扰动要素及自然扰动要素）仍具有重要的经验借鉴作用。

（1）注重人类活动与自然环境及要素的过程和空间耦合。持续增长的人类活动不仅加深了对自然环境资源的攫取程度，加大了自然环境的破坏程度，也在逐步改变区域生态本底内众多要素的流通与汇集状况，造就生态系统的服务能力逐步降低和可承载压力持续收缩。人类活动与自然环境要素的耦合协调突出表现在人地关系和谐共生，是区域可持续发展的重要内容。面对未来极端气候，鹿特丹河口大部分地区没有构筑硬质堤坝，而是预留大量的缓冲用地，通过圩田形态布置提出了多种与水系协调发展的布局方式。纽约通过多层防护空间取代原有的硬质海岸，有效整合海岸堤防空间与动植物栖息空间、塑造城市生境多样性区域。芝加哥则利用建筑屋顶部进行绿化种植以实现城市的自然降温，重视绿色城市设计和保护城市绿色植物，实现降水的就地固定。新奥尔良考虑现有城市自然基底特征，依据不同季节和特定场地的时空特性选用不同植被提高城市生态文化辨识度。这些措施均是人类活动与城市环境要素耦合协调发展的途径（戴伟等，2018）。

（2）注重生产、生活方式的绿色节能及转型发展。城市迅速增长的人口密度和产业活动强度加大了资源、能源消耗量，人口生态足迹量显著提升，城市逐步步入赤字式发展阶段，城市发展面临潜力不足状况，可持续发展能力下降。在面对城市风险时，高度发达的城市经济虽能在一定程度上提升自我保护能力，但在自然急性冲击下，城市整体的抗干扰能力相对不足、恢复力滞缓。荷兰鹿特丹在面对洪水及海平面上升时采取适宜地区生长环境的多元化农业发展方式，通过在港口区域引入零污染、零地下水提取产业以带动港口工业地区的能源转型和产业转型。芝加哥采取了丰富、细致且完善的节能减排、转型发展体系以应对气候变化带来的城市危机，对全球安全城市、韧性城市具有典型借鉴意义。例如，实行节能建筑（这一措施在中国大城市得到普遍推广）、改善电厂能源利用效率、促进家庭可再生能源的使用等清洁可再生能源的生产与利用；在交通方式上推广TOD模式，鼓励步行及骑行交通、更换清洁燃料、提升燃油效率标准等；在产业转型及减少污染方面，提倡减排、再利用、再循环的"3R"政策。大城市在面对自然要素的急性冲击时均及时做出城市生产及生活方式的调整，以扭转城市生态赤字状况、促进城市的可持续发展。

（3）注重城市内部功能的利用效率及合理布局。城市是一个多功能综合体，各种功能间相辅相成并促进城市的动态发展。促进城市功能区的合理布局及提升城市土地利用效率是实现城市集约发展的必经之路。在面对城市扰动风险时，城市用地功能间的转换可提升缓解风险的速率和效率，尤其是绿色生态基础设施。例如，荷兰鹿特丹开发兼具集水和休闲双重功能的城市水广场，以便在正常情形下为市民和观光游客提供运动休闲、生态游憩等功能，当城市遭遇到暴雨灾害时，水广场则为雨水收集、渗透、排水提供相应空间。纽约则对各模块空间设定独立的转化功能，当受到气候灾害影响时，这些模块化空间可以灵活转换功能，减少雨洪风险并营造出新的城市公共空间。新奥尔良则通过加强土地功能混合利用程度以提高城市系统运行效率，促使风险扰动时期的土地功能转换速度与幅度。

（4）注重安全发展环境系统性和多尺度特征。城市安全发展环境的构建并不是社会、经济或生态单一方面的灾害或潜在风险防御，而是一个系统性工程。在这一工程中，大到城市整个区域，小到街道、社区乃至网格均是城市动态发展和城市安全环境构建的重要组成部分，其中均涉及了尺度特征。国外在防灾、抗灾层面相对注重系统与尺度思维的相互结合。例如，荷兰鹿特丹通过自组织与自适应能力的生态断面建设构建具有韧性的河道系统，提升河道应对雨洪风险的韧性缓冲能力，以达到整体预防灾害的效果。纽约通过增设蓝绿基础设施，将基础设施、交通枢纽、生态用地进行有机结合，形成一个集滨水阶地和自然湿地为一体的转换系统，构建跨尺度韧性网络以满足跨区域功能组织的需要。新奥尔良则利用林地、湿地、河渠、屋顶绿化等生态控制元素代替集中的排水管道，构建城市生态式"生命线"，形成具有韧性调控的立体化网络，同时，将小尺度排水单元、廊道与大尺度城市雨水走廊进行融合，设置灵活的径流疏导路线和分散式的梯级排水策略。

2. 国内城市国土空间开发视角下的安全环境构建策略及启示

我国对城市安全环境构建多从两个方面进行：一是从防灾视角出发进行专项规划或公共安全规划，如消防安全规划、城市公共安全规划等。该类规划多注重通过短期的工程技术建设实现灾害的防御，着重强调安全设施的重要性或安全体系建设。二是基于国土空间开发视角进行城市整体性的生态保障。该类规划多聚焦于城市生态本底的保护或完善，对城市整体安全环境建设具有一定作用，但缺乏对城市内部要素空间异质性方面的关注。

在《广州市国土空间总体规划（2018—2035年）》中，将城市安全与基础设施建设的目标设定为构建广州"安全韧性城市"，并从地质与地震灾害、水资源保障、能源安全、"海绵城市"等方面提出相对宏观、系统的市政基础设施建设目标。例如，地质地震灾害防御方面中的健全地质灾害防治体系；水资源保障方面中的优化用水结构、严控用水总量；能源安全方面中的优化能源结构、天然气消费占比20%；海绵城市建设方面中的确保水域调蓄空间、保护水生态、改善水环境和保障水安全等对策。城市的生态安全则与国土空间开发保护紧密相连，规划中明确规定城镇建设用地的范围极限及城市发展容量、统筹山水林田湖海系统保护与治理。实施生态公益林与水源涵养林的精准提升、实现森林进城围城，水系保护与管控、优化水网分洪体系，保护耕地资源、促进耕地连片发展等措施。城市内部实行多尺度公园体系——郊野生态公园—城市公园—社区口袋公园，设定每500米服务半径布局1处社区公园或广场。

从《上海市城市总体规划（2015—2040）纲要概要》来看，上海市作为高密度超大型城市，面临着传统灾害和新兴灾害、本地灾害与区域灾害双重叠加的扰动风险。为缓解城市的多重扰动因子，上海市在城市安全环境建设中系统地提出建立设施与各类人口的匹配关系、以适宜的人口密度调节人口分布、降低产业和建筑能耗、倡导居民绿色低碳出行、制定差异化风险治理策略、优化城市防灾减灾空间、整合防灾减灾资源、推进"海绵城市"建设等防灾措施。通过设定战略预留地、合理确定用地结构、城市功能融合、城市森林建设、共建跨区域的生态网络等对策进行生态保育和生态治理。

从城市安全视角来看，我国大城市相关规划对城市安全环境构建的启示主要有三点：

（1）重视调整功能用地结构、保留城市发展的弹性用地。城市功能伴随城市动态发展而不断调整，以适应城市经济高速发展、居民生活便利、安全环境构建的需求，如商业中心的集聚、工业用地的外迁、生态用地的保留等。在城市安全环境建设中，适度分散的城市功能规模、多样性城市功能形态是城市安全发展的途径之一。我国大城市城市建设用地规模相对较大、城市中心用地趋于紧张，在用地规模控制的约束性条件下，大城市往往注重内部用地结构的调整，以在实现经济的持续发展时兼顾城市安全环境的构建。城市的弹性用地是在划定城市发展区及生态保育区后为应对未来发展的不确定性、为重大城市事件选址或为重大战略性设施而预留的发展空间，对城市发展具有前瞻性作用。弹性用地的预留在一定程度上可以避免未来大事件对城市生态用地的侵占或降低城市功能用地调整的经济效率。

（2）重视基础设施建设与城市要素（人口、防灾空间）的有机结合。我国城市安全环境构建多与基础设施建设紧密联系，且基础设施建设进程中更加注重资源分配的公平性原则。我国大城市安全中的高度扰动性特征促使大城市的医疗基础设施、消防站点、绿地广场、城市生命线、防灾空间等城市要素布局应满足灾害风险下的最大服务半径或最优服务效率，以保障城市居民的生命财产安全。

（3）重视生态保育对城市安全环境及可持续发展的支撑作用。大城市内部的生态用地不仅可为城市居民提供休闲游憩场所，如广场绿地、公园等，还可为缓解城市内部的累积性压力、为城市提供更多的生态系统服务量，如空气污染、城市内涝等。我国大城市逐步开始注重城市内部的生态基础设施建设，如广州的口袋公园、上海的城乡公园体系等，这为城市安全发展提供了一定的开放空间或风险灾害的防御空间。城市外部空间的生态屏障区建设、生态网络结构是我国众多城市规划的共同特征，也是新时代下生态文明建设与城市永续发展的必然要求与途径。对生态屏障区的保护多采用"禁止开发"或"敏感性用地"来对城市规模扩张进行约束，加强城市生态环廊、河网水系保护、林道绿道网络构建、保护生物多样性等是实现城市抵御自然风险的有效措施。

（三）安全导向下的大城市最优景观格局构建

如前文所述，城市安全是综合性的研究课题，涉及社会、经济、生态等各个子系统，与景观格局特征及防灾规划均存在紧密联系（见图 6−1）。本节从景观格局视角刻画城市安全状况并非单纯地对城市某一系统的安全状况进行分析，而是将城市社会、经济、生态中的各种扰动要素及潜力看成安全环境系统的多个层面，运用景观生态学视角和方法对其进行透视。因此，本小节构建的安全导向下的大城市最优景观格局是指从风险概率、潜力等多个层面出发，利用景观格局中的斑块—廊道—基底等要素进行空间合理布局以缓解城市安全扰动要素给城市带来的压力，实现风险概率的最低化、灾损的最小化。

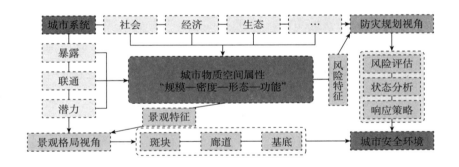

图 6−1　防灾规划及景观格局视角下的城市安全分析与安全环境构建

1. 安全导向下最优景观格局构建的总体原则

借鉴国内外城市规划或安全发展规划策略，本书认为基于景观格局视角的大城市安全环境构建过程中应树立以下思维或原则：

（1）系统性与适应性。城市的安全环境构建并非要牺牲城市发展而谈论城市安全，而是从城市的系统性出发探讨其在约束性条件（扰动要素）

下如何实现风险的最小化。城市发展与城市安全并非相互矛盾的关系，二者应是相互影响并统一存在于城市系统中，城市安全环境较好对城市可持续发展具有促进作用，城市安全环境恶化则阻碍城市的进一步发展。安全环境建设需体现统筹城市要素资源，把握城市发展与安全的时空关系，将城市持续发展与舒适宜人的安全环境融为一体。同时，在城市动态过程中，人类必须承认风险扰动要素的客观存在，不可消除特征与自身能力的有限性，人类能做的只能是去发现和把握风险扰动要素发生的规律性特征。在城市安全环境构建中，管理者和规划者的思维应由指挥与控制向学习与适应转变，所实施的措施具有预期的灵活性（吴浩田和翟国方，2016）。

（2）动态性与前瞻性。城市安全环境构建是一个动态过程，必须随着城市发展和扰动要素变化进行动态调整，只有全面地了解城市扰动要素的规律，城市发展历程才能对安全或韧性发展阶段具有相对准确的认知，实现城市安全环境要素的谋篇布局。同时，其动态性还表现在一定时期内各要素的相互作用关系，如功能、密度、形态等，安全发展要求城市必须基于系统方法来掌握城市与扰动要素的复杂性和相互作用，更好地理解城市系统的组成部分如何在不同时空尺度内对威胁因素及其相互作用做出反应，城市安全环境的构建有必要进一步把握内部要素过程与安全环境间的运动关系。众多规划或防灾学科多为灾后评价并以短期工程韧性视角进行要素的空间配置，具有操作性易、针对性强等特征。城市系统面临的扰动因子具有多样性、不确定性，有必要将风险化解融入城市安全发展过程，探索城市系统的长期转型当中，坚持适度冗余原则，预留一定的应急空间、生态空间和发展空间以支持城市后续发展。

（3）尺度性与多样性。尺度特征是地理现象和过程在时间和空间上的表征，也是其自身固有的属性。受扰动因子在空间尺度上的干扰作用差异、城市的开放性及多层次嵌套结构特征影响，城市安全发展状况也存在尺度特征。例如，一些灾害和问题对于尺度（规模）较小的城市造成的危害并不严重甚至不足以成灾，但却可能使大城市遭受重大打击甚至瘫痪。

尺度性导致了不同空间尺度下的城市韧性刻画存在显著差异性，从而影响城市安全过程的内部机理的有效识别和城市要素的布局效率。景观生态学理论认为景观异质性有利于景观的稳定，对于缓解城市景观中的剧烈变化具有重要意义，使景观的组织力更强、更趋于稳定状态。重视多样性原则是实现生态效益最大化的关键，具体而言，蓝色及绿色网状系统的组成元素的多样性，可提高城市系统的弹性及应变能力，并降低其中一种元素衰退或灭绝的可能性。人类对景观的干扰（如城市扩张）可能会破坏能源和资源之间的自然流动影响生态系统的自然进化，为此，保持连通性对于控制景观的自然平衡状态临界点显得至关重要。在安全环境构建中需要强调跨尺度网络层级构建的重要性，同时，无论是功能用地布局还是土地利用模式层面都应尽可能多样化，以达到多元兼容、高效流动的目的。

2. 安全导向下大城市最优景观格局构建内容

由于高密度、经济高度发达等特征，我国大城市在空间组织上多采用组团模式。针对大城市，构建适应城市可持续发展的景观格局模式相较于抗灾硬件设施的大量建设更具前瞻性或可操作性，也被认为是韧性城市建设的又一有效途径，在城市内涝、空气污染等城市问题治理中得到广泛运用。本小节基于 Ebenezer Howard 的田园城市模型从物质空间—景观要素双重内容出发，认为多中心组团式的大城市最优景观格局模式（见图 6 - 2）应该包含以下几个方面：

（1）适度的城市规模、密度与安全环境构建。城市发展与安全环境之间存在规模与密度过程的耦合：可持续发展城市具有较为适宜的规模与密度状况，能在一定程度上促进城市安全环境的正向发展、增强城市对未来不确定环境的适应能力。持续蔓延、高密度的城市开发活动不仅加速了城市内部空气污染、内涝、热岛、犯罪等扰动事件的滋生，也会加速城市生态系统服务能力下降及承载力的持续弱化，造成城市对不确定扰动风险的适应能力不足现象的产生。适度的规模与密度有利于城市内部的物质流动、信息传递、能量传输等，减缓城市发展对安全环境的阻碍作用。众所周知，城市规模、密度存在地域性及尺度性特征，规模及密度差异明显的

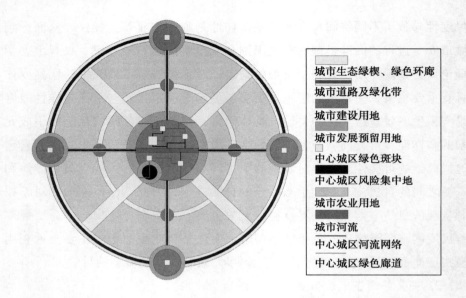

城市生态绿楔、绿色环廊

城市道路及绿化带

城市建设用地

城市发展预留用地

中心城区绿色斑块

中心城区风险集中地

城市农业用地

城市河流

中心城区河流网络

中心城区绿色廊道

图 6 – 2　安全导向下的多中心结构大城市的最优景观格局模式

城市对安全环境的要求、对扰动要素的适应力与恢复力存在本质差别。虽然城市规模与密度的影响因素错综复杂，但相较规模、密度的可控性特征而言，影响因素的探讨并不足以成为安全环境构建的主导内容。从规模与密度分布体系来看，拥有规模等级的城市更具韧性。这样的城市由不同规模的互联网络组成，其中小规模的组成部分逐步进化并整合成更高的规模。自下而上的城市等级体系有助于形成一个连贯的尺度——层级结构，这样的等级机构有利于增强城市系统的自我组织能力，能够及时适应变化。在大城市规模与密度发展中，通过建设用地适宜性评价、生态保障评价等方式明确城市的发展边界；强调密度指标在安全环境构建中的重要性，并在建设用地规模、容积率、开放空间状况、基础设施支撑力、资源与环境容量及社会经济发展水平等一系列约束条件下进行人口、经济等要素密度的合理引导。多中心结构下的大城市应合理控制中心城区密度与建设用地规模以降低生态足迹总量，推动中小城镇的规模集约化发展，加强城市中小城镇在人口、产业、资源等方面的"截流"作用，使城市要素密度、城市规模在区域内实现"金字塔"式等级体系构建。

（2）城市功能的"柔性"布局与重点功能区防护。在城市职能分工背景下，城市内外的物质流动、信息传递、能量传输要实现高效运转，要求城市功能"有机疏散"的柔性布局（金忠民，2011）。风险分散是城市安全环境构建的有效途径之一，城市的多功能性及功能多样性则是风险分散在地域空间内的第一层级，这与韧性城市构建要求中的多功能性不谋而合。过于集聚的城市功能使得地区内更易滋生众多潜在风险，如商业中心的高度集中容易滋生犯罪，金融中心的单一集中容易成为恐怖袭击的打击目标等。单一功能区内部物质流动、信息传递、能量传输能力远弱于功能多样性地区。从这一层面看，无论是内部生态系统服务还是社会经济发展，城市的多功能及有机疏散可以分担风险扰动的冲击、降低某类灾害在城市内部发生的频率、提升城市安全水平，如工业功能往往布局在远离水源地、下风向的城市边缘地带等，并在一定程度上利用绿色景观实现污染的有机降解。在进行功能调整及空间布局优化过程中应紧密结合产业结构状况及其风险强度，在土地集约利用、人口空间分布等约束性条件下进行城市风险评价，将高风险功能迁移至城市人口稀疏、绿色景观相对充足的地带。同时，城市经济、商业等功能布局应避开重大危险源等高风险区，重点功能区（重大危险源）周边则设置一定宽度的隔离带或防护带，配置相应的防灾工程设施、应急保障基础设施和应急服务设施。多中心结构下的大城市应将高强度、高污染、高耗能产业或功能区（重大危险源）迁移至城市密度要素相对稀疏地带并利用绿楔、绿色廊道进行一定的隔离，配置相应保障设施。低强度功能区应在功能一定集聚基础上实现多样化分布，如商服中心与居住、居住与绿地、居住与公共管理等功能的相对混杂，实现城市运转效率的最大化。

（3）有机疏散的城市形态。间隙式空间结构是城市安全环境构建的重要基础，生态型间隙空间可以改善城市的生态环境，当发生灾害时也可以用作局部区域隔离和疏散的场地，有利于城市均衡发展，避免出现空间结构的极化现象。大城市的有机疏散是间隙式空间结构在地域空间内的形态反映，也是缓解城市病的有效办法之一（Donnelly & Marzluff，2006）。有机疏散的城市形态可以控制大城市中心城区的膨胀与拥挤，中心城区内部的绿廊则对环境质量提升、风险水平下降等具有促进作用，这一形态还有利于降低风险发生时组团间的连锁反应或交叉感染（张志云，2011）。因此，无论是从城市可持续发展还是安全城市环境构建目标，大城市都应当构筑适应力较强的有机疏散结构，提倡适度分散的城市布局形式合组团式结构，避免高密度、高强度的空间形态，这既适应了城市有弹性的发展，又能有效维护城市安全。多中心结构下的大城市要求城市应形成规模大小不等、功能性质各异的多组团式发展，各组团间利用多元交通网络进行有效连接，加强要素流通速度与频度，同时，组团间应利用天然绿化带进行分隔，在城市空间上形成若干条绿化走廊，中心城区设置一定的绿色及蓝色景观斑块及廊道，形成间隙式发展格局（金忠民，2013）。

（4）布局合理的绿色空间与适度集聚的城市缓冲区间。布局合理的绿色空间及开放空间对于缓解城市内涝、空气污染或防灾等具有重要作用。以街道为基本单元，在城市基本生态网络基础上增设绿色空间有利于城市安全管理、居民避难疏散、城市风险缓解，对落实大城市安全战略具有重要意义。在城市整体层面，中心城区及中小城镇发展应预留一定的缓冲空间（耕地景观），这既有利于城市后期发展的可持续性也有利于避免城市蔓延式扩张对生态景观的吞噬，从而造成生态服务能力的下降。在城市总体规划中，如果说道路是城市的基本框架，那么绿地、水域等绿色及蓝色景观则是城市基本结构空间，是缓解由城市建设性破坏引发的安全问题的有效空间。为此，在安全环境构建中不仅需要保留城市内部的自然水系、郊野肌理，还应根据人口密度、风险强度进行人口与绿地的耦合关系进一步增设开敞性的生态绿地作为城市风险缓解空间或避难疏散的应急空间。同时，在不同地域层面还需将绿地景观、防灾空间进行有机联系，构成系统化的疏散系统，如在街道层面依据城市居民的出行可达性范围5~10分钟（或500米）范围内可设置袖珍广场或口袋公园。在多中心式的大城市中，中心城区应形成绿地斑块的等级系统并利用天然的水系进行有机连接，而在中小城镇则需设置一定面积的绿地斑块，同时，在中心城区外围需规划一定数量的绿楔及绿色环廊等。在适度集聚的缓冲空间设置中应在土地集约利用基础上设定城市增长边界并预留一定数量的后期发展空间（主要为耕地景观）。

（5）多要素—多尺度嵌套的城市安全网络构建。城市系统是众多要素的汇集地，具有尺度性特征。多功能性、冗余度和多尺度的网络连接性是韧性城市倡导的主要内容，实质是强调系统受到强烈外界干扰时的多级网络风险分散作用，将其借鉴至安全环境构建中，可知充分利用城市要素构建多尺度下的城市网络也将是实现城市安全发展的重要内容之一。从多要素嵌套视角来看，基础设施网络是保障城市运行的生命线系统，网络系统扩展得越大，网络的易损性就越大，因此有必要通过增设或删减管段来使网络系统的功能达到效率最优、风险最小。生态廊道可为城市防灾提供基础，在各组团间建设绿化防灾隔离带或以河流、主干道等作为自然隔离带，构筑由纵横的绿化隔离带和贯穿的河道、道路等组成的城市生态网络可以有效缓解城市风险。从多尺度嵌套视角来看，城市应结合扰动要素的地域性特征与不同空间尺度构建中心城区—中心镇组团—市区 3 个空间尺度的安全网络（石婷婷，2016），当遭遇不确定因素扰动时，各个空间尺度的缓解效应及叠加作用是城市风险实现有效分散的重要途径之一，这有助于城市更好地适应不断变化的环境，减少潜在的锁定效应。从各尺度来看，中心城区层面应结合低风险区的开放空间补充临时避难场所或绿地景观，加强安全隐患的定期排查；中心镇组团尺度下应通过构建多要素网络加强中心城区与各组团间的网络连接度，尤其是救援通道、疏散通道的多路径设计，保障应急时逃生和救援的可达性，维持各组团范围内的多功能性，如生态廊道、交通廊道等；而在市区层面则应依据区内大型绿色及蓝色廊道构建起生态屏障或网络，通过大型要素廊道构建加强城市内部要素对外联系的多向性。在多中心结构下的大城市中，中心城区及外围组团内部应加强基础设施网络建设并构建市区内的网络连接性和多元性，城市生态网络主要通过城市内部蓝绿景观斑块及廊道、外围城市环廊、交通绿化带与绿楔等共同构成全域性生态格局，实现市区内生态网络对风险的缓解作用。

（6）蓝色及绿色景观屏障区保育。中心城区作为要素集聚地是城市经济发展的主导力量，其内部的绿色及蓝色景观不足以完全支撑城市风险的缓解，为此，市区内部的蓝色及绿色景观屏障区可通过多尺度的生态网络为城市发展、风险缓解提供支撑作用，城市生态空间系统的保育成为安全环境构建的重要基础之一。在生态系统构建过程中应确立以城市安全为导向的生态格局，基于大城市自然本底、资源条件及承载能力，以水系为骨架，以林草地、河流、耕地等自然因素为基础，构筑与自然生态肌理相协调的生态空间体系，以达到城市发展与生态保护的动态平衡，形成生态安全格局。在重要生态系统屏障区需合理控制城市空间增长边界，完善中心城区、新城、新市镇和村庄居民点规模、功能和布局，强调自然生态对城市发展规模的约束，控制城市建设用地对生态系统区的侵占，保持生态系统的完整性和稳定性。同时，防止高污染、高耗能、高风险的产业在生态系统用地区的大量布局，以生态手段（营造林地、经济林地、草地等）促进生态系统水平能力的回升。在多中心城市中，生态屏障区主要为城市河流及外围林草地连片区，通过绿楔及生态廊道构建与保护、防止生态系统区的灰色景观扩张、生态手段修复等措施进行相关保育。

二、沈阳市城市安全环境优化与调整

1985～2015 年，沈阳市城市规模得到迅速拓展，社会经济要素在中心城区内高度汇集，在政策引导及区域发展背景下，沈阳市逐步形成"一河两岸"、多中心组团式发展格局。与我国众多大城市一样，沈阳市在经济快速发展、城市蔓延扩张的同时，也面临高温热浪、大气污染、雨洪内涝、生境退化等安全发展问题。本节基于国内外安全发展经验总结及安全导向下的大城市景观格局模型，从景观格局视角对沈阳市城市发展的安全环境进行优化调整。

（一）人口布局与生产生活方式优化

1. 人口分布格局优化

分形特征被认为有助于提升城市安全水平。正常情况下，城市元素和功能在等级和规模方面遵循分形分布。分形特征的子成分相互关联，共同构成一个调和的、完整的整体。层次性和分形的秩序模式表现为人居环境的物理形态。人口和面积是城市规模的两个常用指标。以沈阳市 2015 年城市综合风险、城市人类活动强度及城市建设用地规模为基础，设定风险值大于 0.3、夜间灯光 DN 值大于 60、建设用地连片发展地区为城市安全发展环境构建范围［见图 6 - 3（a）、图 6 - 3（b）］，大致范围包括主城区、浑河南部沿线、苏家屯、道义、虎石台、辉山、沈北新区 7 个连片发展区。

基于人口密度及范围图层［见图 6 - 3（c）］对各地区人口进行统计分析，得到沈阳市主城区内部人口高达 420.5 万人，占沈阳市总人口的 79.35%；浑河南部沿线地带及苏家屯组团地区人口分别达到 28 万人及 18 万人，成为继主城区后人口相对集中、经济发展最活跃的城市发展潜力区；而新城子、道义、虎石台及辉山等地区多为综合性城镇或经济开发区，人口及建设用地规模整体偏弱。在城市安全环境构建中，建设合理的城市等级体系，依托产业及综合性城镇的截流效应实现人口的合理分配有利于实现大城市内部风险的逐层缓解。为此，本小节依据《沈阳市城市总体规划（2011—2020 年）》对沈阳市城市人口密度的界定值（99.3 人/平方米）的标准及各区域建设用地规模计算得到各区的实际可容纳人口并对比现有人口规模。结果显示：沈阳市主城区内人口规模偏大、城市安全质量较低、要素密度普遍偏高的现象显著，新城子、虎石台、辉山、道义、苏家屯等组团或开发区人口规模相对较低，表明大规模的人口迁入多集中

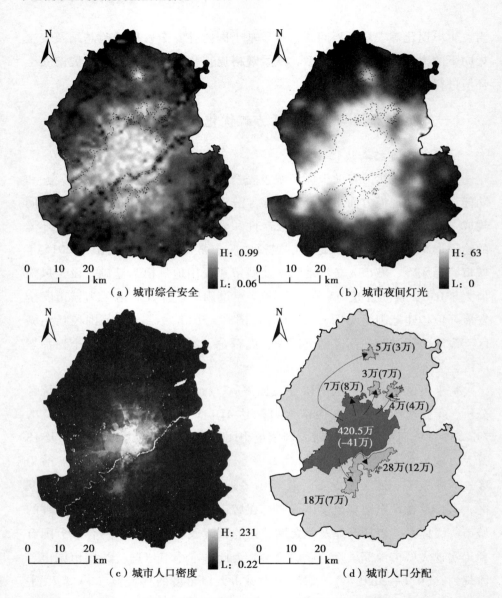

图6-3 沈阳市2015年城市综合安全、城市夜间灯光、人口密度与城市人口配置

在主城区内、各组团对中心城区人口的截流效应并未达到理想效果，城市
内部的人口规模等级体系不合理。基于沈阳市城市安全及2015年人口规

模状况，在保证各区域的人口容纳冗余性基础上，需将主城区内部高密度人口进行合理比例分配：降低城市户籍门槛、加强中小城镇基础设施建设、合理布局城市产业，以产业重组、基础设施建设（城际高速路网、轨道交通等）等措施进一步释放中小组团的人口"截流"效应。同时，在构建综合性组团、设置开发区（如辉山开发区、沈北新区）等基础上将主城区人口进行迁出［见图 6 - 3（d）］。具体来看，新城子、辉山、虎石台、道义等北部组团分别迁入 3 万、4 万、7 万及 8 万人口；浑南地区是沈阳市最具潜力、发展空间广阔的城市地带，苏家屯及浑河南部沿线则分别迁入12 万及 7 万人。主城区内部人口规模要有一定缩减，迁出 379.5 万人。城市人口规模的合理配置有利于降低人均生态足迹，促进市区层面上的均衡开发，实现城市内部生态足迹的相对均衡化发展及生态系统服务效率的最大化，避免城市风险集中于某一地区而形成的累积性灾害，从而促进城市整体安全水平的提升。

2. 城市绿色生产生活方式倡导

城市安全环境构建是一项长期工程，不仅需要政府加大对规划管理落实的重视和管理程度，更需要城市居民从自身生活出发降低人均生态足迹、提升城市潜力。例如，政府应推动区域产业向集约化、绿色低碳化转型；城市居民应提升绿色低碳意识、增强环保意识、构建绿色生活方式理念（张志云，2011）。近 4 年来，虽然沈阳市天然气总消耗量呈逐步缩减趋势，但人均天然气消耗量却由 77.9 立方米增长至 112.5 立方米；城市人均液化气消耗量出现一定增长，由 0.227 吨上升至 0.243 吨；与全国城市比较，沈阳市的液化石油气为 0.246 吨，远高于全国平均水平，为平均水平的 3.12 倍。伴随城市人口的进一步增长、经济的快速发展，沈阳市深入推行低碳生态城市建设显得势在必行。

从产业转型及污染防治来看，铁西装备制造业聚集区依托重点企业与高新技术建立绿色设计—新型材料—装备制造—服务的产业链，以提升产业的集聚效应、降低资源能耗；大东区、铁西区和沈北新区汽车及零部件产业集群优化升级；改变沈阳市传统的能源消费结构，提高太阳能、生物能等清洁能源在能源消耗中的比重，逐步完成四环内民用散煤替代，推动区域能源消耗结构由碳基能源向低碳能源转变；基于智慧城市平台监测浑河、辽河、蒲河、白沙河等水质状况，沿线重点化工企业、制造业污染排放以及区域空气污染状况，加强污染防治的协同化、网络化，推动城市建成区"净空、净水"综合治理。

从城市居民行为来看，构建安全发展城市需积极倡导绿色低碳的生活方式，实行城市绿色交通，鼓励居民以步行、自行车、公交车、轨道交通为主的公共出行方式，缓解城市交通拥堵、提升城市空气质量，推进城市交通向"通达、有序、安全、低能耗、低污染"的交通模式转变。同时，提升城市居民能源节约与生态环保意识，提倡节水、节电的生活方式并鼓励城市生活垃圾的分类及绿色回收等。实现城市居民人均生态足迹的回升，控制城市整体生态赤字的进一步恶化，提升城市发展的潜力。

（二）开放空间布局

1. 城市绿色景观斑块的合理布局

城市内部绿色景观斑块的合理布局可为缓解城市内部风险提供支撑作用。例如，绿色景观的合理布局既有利于缓解内涝、热岛等自然扰动，也有利于降解城市内部污染、为城市避灾提供开放空间等。结合沈阳市现有绿地公园及人口密度、安全指数等进行可达性—公园绿地—人口（安全指数）的匹配性分析（见图6-4），发现沈阳市大面积绿地公园多分布在浑河沿岸，北陵、高尔夫等公园的面积整体相对较大。人均绿地低水平及安全指数低水平区在空间上具有一定的相似性特征，低水平区多分布在公园面积狭小的中心地带，高水平区则多分布在近浑河、中心城区边缘地区。

在城市绿色斑块设置中，充分考虑中心城区内"寸土寸金"的现实发展状况，应在中心城区一环线、二环线、北二路、建设路、卫工街、南京街、市府大路、青年街等道路两旁设置宽度1~2米的绿化带，通过道路绿化带将城市公园基本连成网络。加强中心城区新开河、南运河沿线的绿地景观修复，通过蓝、绿景观融合提升风险化解效率。

严格控制人为活动对城市公园绿地的侵占，加强城市绿地公园的保护与管理，尤其是浑河沿线防护公园，中心城区内的中山、兴华、八一、碧塘具有较大服务范围的公园。

口袋公园具有选址灵活、面积小、离散性分布的特点，能见缝插针地大量出现在城市中，不仅能够在很大程度上改善城市环境，还能部分解决高密度人们对公园的需求。沈阳市应实行口袋公园战略，充分利用内部城市更新、功能调整过程中的边角地、废弃地、闲置地，在人均绿地面积较少区域以街道为基础进行小型绿色斑块设置，如大兴街道、皇城街道、笃工街道、霁虹街道等。

2. 重点威胁源防护与适度分散

大连的"四年三烧"、天津滨海新区 8·12 事故、江苏响水爆炸事故等事件表明，化工及制造产业是众多大城市安全发展的主要威胁源，对城市居民的生命财产安全产生重大威胁。沈阳市作为我国重要的重工业基地，工业产业虽实现整体外迁，但部分化工及制造企业仍滞留在中心城区。

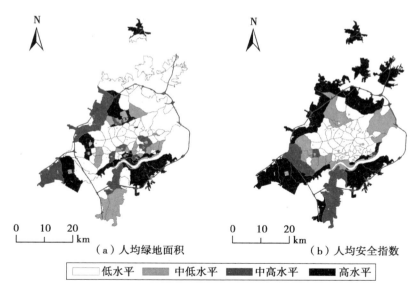

（a）人均绿地面积　　　　　（b）人均安全指数

低水平　　中低水平　　中高水平　　高水平

图 6-4　沈阳市中心城区人均绿地面积、人均安全指数及中心城区绿化带布局

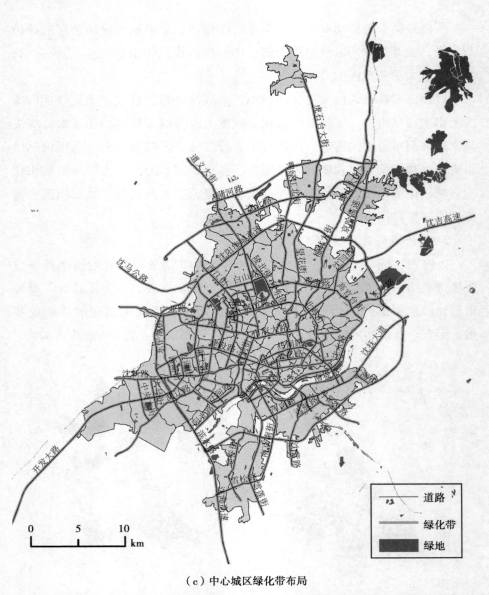

（c）中心城区绿化带布局

图 6 - 4　沈阳市中心城区人均绿地面积、人均安全指数及中心城区绿化带布局（续）

为此，以 2015 年沈阳市制造业、化工企业 Poi 点进行核密度分析，提取其主要集聚区，得到图 6 - 5。

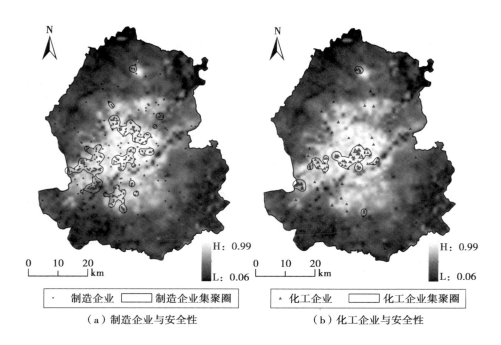

图 6 - 5　沈阳市城市综合安全环境与制造、化工企业与安全性

　　从制造业及化工业空间分布来看，2015 年制造业形成四大连绵集聚区和五个小型组团区，主要分布在铁西、沈河、皇姑—陵北、大东、新城子及苏家屯等区域内，基本为老工业区迁出地带及新工业集聚区的迁入地区；化工业基本形成三大集聚区，主要分布在铁西区及浑河以北的老城区内，工业指向性及沿河分布特征相对显著。中心城区的制造业及化工业连绵集聚分布状况大大提升了中心城区的不确定性风险概率，给居民生命财产及社会经济活动带来众多潜在威胁。

　　沈阳市应进一步加强中心城区内部化工业、制造业等企业的管理力度，将中心城区化工及制造企业逐步分散迁移至道义、辉山及张士等组团地区，规避灾害的叠加效应，加强与避灾廊道的连通性，在化工制造企业周边地区设置相应的消防基础设施、绿色景观及蓝色景观，降解化工企业对城市造成的污染及提升风险产生时的避灾效率。浑河沿线地区的化工企业应尽量迁移至工业区、化工区内部，防止化工企业对城市蓝色景观的污染。新城子、苏家屯等地的化工及制造企业应尽量避免与城市居住用地、商业用地的混杂，重视绿色廊道及缓冲区间的重要性，加强绿色基础设施建设及消防基础设施建设，降低其对城市居民的风险干扰。

（三）安全廊道构建

1. 多层级生态网络构建

多层级生态网络构建有利于提升生态用地对城市生态服务需求的支撑作用，也可为优化城市环境、缓解城市风险、提升避灾效率等提供基础途径。基于沈阳市生态系统发展现状及城市安全空间分布、城市组织结构进行多层级生态网络构建，如图 6-6 所示。

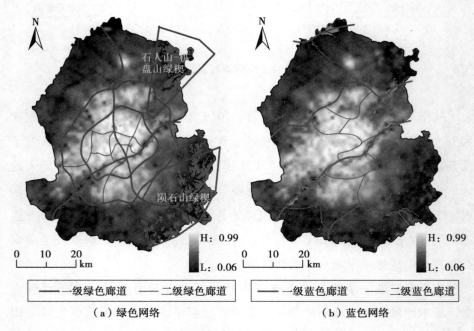

图 6-6　沈阳市多层级生态网络构建

从绿色网络来看，第一层级主要形成"双环 + 十字放射"状格局，双环主要以三环路绿化带及四环路绿化带为依托，以高速公路绿化带、浑河沿岸林地防护带为依托连接北陵、五里河等大型城区公园形成"十"字放射状格局；在城区内部以道路绿化带为载体连接中心城区内众多公园形成绿色网络的第二层级廊道，此类廊道均实现与第一层级网络的相互连通；同时，棋盘山、石人山、响山等构成东北部的绿楔，以陨石山为主的东南部绿楔与主干绿色网络相连，形成沈阳市绿色网络的整体格局。

从蓝色网络来看，沈阳市应构建"四横"的主导网络，以辽河、蒲河、浑河、白沙河四条滨水生态带在北部、中部及南部贯穿整个城市，而以人工灌溉渠道、中心城区内部的新开河、南运河等形成纵向次级廊道并与"四横"紧密相连，共同构成沈阳市蓝色网络的整体格局。

2. 多层级防灾廊道构建

基于沈阳市城市安全指数及人口空间布局，对安全低值区进行安全廊道及避灾空间设置，形成多层级防灾网络［见图 6-7（a）］；通过 Python平台以 10 分钟为间隔爬取沈阳市城区一天内（9 月 26 日）交通路网状况，通过计算路网拥堵指数并利用自然断裂法进行等级划分，得到城区路网拥堵状况［见图 6-7（b）］。

一级避灾廊道主要呈环状—放射状格局分布，利用道义大街、虎石台大街、辉山大街、浑河大街、开发大路等城市内部路网串联中心城区与新城子、苏家屯、道义、虎石台等周边组团，而城市一环、二环及三环快速路则主要用以缓解城市中心的安全风险。这一格局不仅有利于提升中心城区的消防等安全设施等资源利用效率，实现对周边组团的安全支撑，也有利于中心城区遭遇内部风险时实现人口快速外迁作用。二级避灾廊道主要以城市主干道为主，此等级避灾廊道多与一级廊道连接，在城市避灾中处于辅助地位，可以实现城市局部地区的风险扰动。多层级避灾廊道的构建虽可最大效率提升安全风险的缓解作用，但在这一过程中还应注意廊道的交通状况，对北二路、崇山路、和平大街、黄河大街、开发大路、长江街、昆山路等避灾廊道加强交通管制，防止交通事故产生，以为风险扰动时提供快捷、便利的疏散或救援通道。

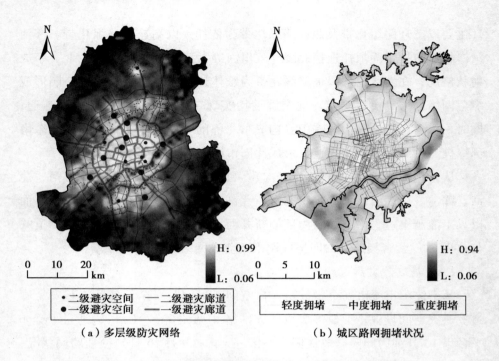

（a）多层级防灾网络　　　　　（b）城区路网拥堵状况

图 6 - 7　沈阳市多层级防灾网络构建与城区交通拥堵状况

　　防灾网络构建还应包括避灾空间的设置，由于城市中心地价偏高，开放空间较少，因此在中心城区外围地带设置面积相对较大的一级避灾空间，充分发挥避灾廊道的高效率特征。一级避灾空间主要分布在城市外围地带或中心城区面积相对较大的公园绿地系统，包括道义大学城、田义公园、农业大学、中央公园、奥体中心、铁西森林公园、高尔夫公园、北陵公园、百鸟双拥园等；而二级避灾空间主要为中心城区内部的小型公园绿地及广场开放空间，多分布在中心城区安全的低水平区，为缓解中心城区局部风险、提升局部安全水平提供支撑作用。

（四）生态基底保育

1. 城市内部蓝绿景观保护

　　"蓝绿"景观保护是指以蓝色生态斑块和绿色生态斑块为主要生态源，

通过生态要素的叠加分析，构建点、线、面结合的城市生态空间结构，形成对城市绿色生态空间和水资源的有效保护。其中蓝色生态斑块的划定和研究以水资源保护为目的，主要包括水源地保护区、水源涵养区、湿地等内容；绿色生态斑块的划定和研究以绿色生态资源保护为目的，主要包括自然保护区、风景区、森林公园、地质公园等内容。

蓝色景观保护重点加强以浑河、蒲河等干流为主体的河湖水系的控制和建设，加强河湖水网连通建设，积极发挥河网水系的调蓄灌溉、生态维育、景观提升、空间组织等重要作用，强化城市绿水交融特色。具体为：一是重点加强干流水系包括浑河、蒲河干流以及丁香湖的水体控制及沿线滨水绿地、休闲设施建设，形成重要的生态廊道和滨水景观休闲带。二是加强支流水系包括沈抚运河、满堂河、辉山明渠等的水体治理，合理控制断面宽度和两侧绿化，满足景观、排水、灌溉等需要。三是加强公园水系包括青年湖、南湖等环城水系内水体以及城市公园内水体的岸线建设，营造亲水空间，丰富公园景观，以承载观光休闲、塑造城市景观的功能。

绿色景观保护的重点在于合理控制城市空间增长边界，划定城市开发建设的集中区域边界，防止城市无序蔓延；加强城市公园、浑河沿线绿带、三环路沿线绿带、绿楔等生态绿地建设，提升城市生态环境质量，维护生态安全。具体为：城市公园绿地主要集中在环城水系、蒲河、沈抚运河等水系沿线，形成绿水交融、特色鲜明的城市公共空间。一是划定一级城市公园、二级城市公园、四环路绿化带、主要出口路沿线绿化带、铁路沿线绿化带以及蒲河、环城水系、沈抚运河等主要河流沿岸绿带等为城市绿线范围，严格控制城市绿地边界，防止城市建成区对绿地的侵蚀。二是加强环城水系、蒲河、沈抚运河等水系沿线公园绿地建设，充分利用绿水结合的优势，打造绿水交融、特色鲜明的城市公共空间。首先，蒲河沿线绿带是城市北部重要的生态景观带，将绿化及水面宽度控制为150～400米。其次，环城水系绿带串联城市重要公园，承担着市民休闲游憩、避难防灾、美化城市景观以及改善生态环境等功能，将绿化及水面宽度控制为50～120米。再次，沈抚运河及沿线绿带是城市南部重要的生态景观带，将绿化及水面宽度控制为 70～200 米。最后，其他河流沿线绿带及水面控制宽度宜达到 30 米。三是加强出口路及环路沿线、铁路沿线、高压走廊、工业区卫生隔离带等防护绿带的控制和建设，构建安全、连续的防护绿地空间骨架。四是将浑河打造成为城市重要的休闲、景观、文化、旅游和生态带，绿化及水域控制宽度不小于 700 米；将三环路两侧绿化原则上控制宽度为内侧 100 米、外侧 200 米以上；从外围的生态绿地引入城市内部，包括林地、湿地、农田及郊野公园等改善城市的局地气候，防止城市空间无序蔓延。

2. 城市生态屏障区保育

利用东部自然山体和西部丰富的水资源，形成"东山西水"的格局，突出山、水、城相互交融的整体格局特色，构建山水相融的全域一体化生态保护体系。一是重点保护东部棋盘山延伸至城市内的地貌特征，加强绿化环境建设，注重生态景观的连续性，构筑青山入城的生态景观格局。二是以浑河、环城水系、蒲河为重点，系统连通城区内的 16 条河流，串联主要城市公园，形成特色鲜明的公共活动空间。三是根据辽河、浑河、蒲河、细河、北沙河及重要支流现状，通过划定河岸缓冲带，在缓冲带内采取以自然恢复为主的方式进行退耕还河和生态封育，有效阻隔面源污染，修复河岸及水体生态环境，在促进河流断面水质达标的同时，形成全线贯通的生态景观廊道。例如，蒲河生态廊道形成"珠链式结构"，打造"一河三湖多湿地、两岸六区十八景"，最中心是蒲河，然后是滩地，再向外依次是堤坝、绿化、景观路、开发的景点（包括农田等），绿化整体环境统一而丰富，重视横向与纵向的连续性，成为沈阳市重要的生态示范基地，也成为城市一道亮丽的风景线。四是采用"海绵城市"理念，通过对城市结构性绿地的严格控制，增设区域绿道和郊野公园，形成与外围棋盘山、东南部山区、辽河、蒲河、沙河等生态功能区和生态廊道紧密相连生态网络系统，实现城市与区域生态环境的一体化建设，从市域、市区两个层面完善绿化、水体等多方面的雨水调蓄系统，增强"海绵城市"的雨水吸收能力。

（五）规划管理落实

1. 安全管理思维转变与居民安全意识强化

在城市安全规划制定与风险防控过程中，众多规划或风险防控缺乏冗余性、动态性及前瞻性特点，多为常态视角的拓展与延伸，对城市可持续发展的导向性不足。随着城市潜在风险的逐步增长，城市安全环境构建显得尤为重要。在安全环境建设中，城市规划者应以非常态规划为基础、以推动常态规划与非常态规划相互协调为原则，将城市安全视为城市发展与众多规划的一个基本原则，贯穿城市规划管理的始终。城市管理者应逐步改变传统、被动与滞后的防灾模式，向主动适应、冗余性强、灵活性高的风险防控思维转变。

我国大城市作为社会生活节奏相对较快的高密度区域，政府对城市居民的安全教育、宣传及演习处于相对薄弱地位，城市居民的风险防范意识相对较低。城市安全环境的根本目的在于保障人的生命财产安全，促进城市发展与安全环境的有机协调。沈阳市作为东北地区唯一特大城市，人口经济等城市要素密度极大，城市的扰动风险普遍较高。在城市风险防范中，沈阳市政府应进一步加强安全宣传、教育工作，加强公众安全意识和防范知识教育，强化公共场所等人员密集场所的应急管理和应急演练，将安全意识融入各个教育层级中，培养全民安全意识，以实现城市风险发生后的理性应对，提高城市居民"自救"的可能性，从而达到避灾救灾效率的提升。

2. 应急管理体系与平台构建

借鉴日本国土强韧化经验，沈阳市应自上而下地迅速建立起城市安全相关的体制机制，适应城市安全与可持续发展。例如，在市级层面建立专门的城市安全发展领导小组并设置领导小组办公室，完善城市建设管理部门，如应急办、人防办等；构建多层级应急预案联动体系建立，实现市—职能部门—区—街道及同级部门协作的联动体系，充分发挥应急预案功能；将城市安全环境建设纳入部门和地区内的综合考核中，适时提高城市安全环境构建工作的权重。

在《沈阳市智慧城市总体规划（2016—2020）》中提出依托智慧城市建设促进城市管理精细高效化，实现"智理"的发展目标。沈阳市通过整合多层次多领域的大数据信息（出行数据、人口热力数据等）和灾害管理信息（内涝、火灾、交通事故、暴力犯罪等），构建智能化城市安全与防灾系统，提升政府决策和风险防范水平，提高城市综合治理的精准性和有效性。依托智慧城市，以3S技术为手段完善城市安全运行的智能化管理，构建城市安全环境的多尺度全方位综合体系；对于道路交通、环境卫生、公共安全等有关安全领域进行监控跟踪与动态维护，提升城市安全运行管理水平；融合防灾系统、地理信息系统、定位系统、无线通信指挥调度系统等，提升城市应急能力，加强基于城市安全环境目标的应急数据库建设；促进城市政府之间的信息共享，打通各级政府间的管理壁垒，建立区域联动的预警体系、数据信息分享体系，提高城市各类数据共享、信息资源平台整合的力度。

3. 重大灾害风险管理

城市扰动要素不仅包含自然急性冲击也包括人为干扰，其中人为干扰多为城市内部自身发展的风险灾害，是城市健康发展的潜在要素。城市管理者可通过市场及行政手段等实现对人为干扰要素的把控。在这一过程中，重大风险源管理是城市规划的重点；通过城市灾害评估、安全影响评价作为威胁源、重化工区规划和布局的前提，市、区政府应严格将安全和防灾要求作为规划许可的重要条件、强化防灾措施执法监察，对安全影响较大的产业和功能区必须进行应急状况评估。

本章小结

本章基于城市安全的机理分析，总结大城市动态发展中扰动要素的新特征，系统梳理对国内外城市安全发展相关规划或发展策略，确定城市安全环境构建的思维与原则从物质空间及景观要素双重维度归纳大城市安全发展环境构建的主要内容，提出沈阳市城市安全环境优化与调整的对策建议。

大城市发展进程中的扰动要素出现新的特征，突出表现在极端气候导致的城市风险显著增长，扰动要素的多元化、综合化、新型化趋势增强，大城市的脆弱性、敏感性特征愈发凸显等方面。国外在提升城市安全水平过程中更加注重人类活动与自然环境及要素的过程和空间耦合、生产与生活方式的转型发展及绿色节能、城市内部功能的利用效率及合理布局、安全发展环境系统性和多尺度网络构建，国内多立足于城市或区域规划层面提出城市安全发展在功能用地调整、基础设施建设及生态系统保育中的具体要求与策略。

景观格局视角的大城市安全环境构建中应具有系统性与适应性、动态性与前瞻性、尺度性与多样性等思维或原则。良好的城市安全环境应是规模、密度、形态及功能的有机统一，具体包括适度的城市规模与密度、注重功能的柔性布局和形态的有机疏散、设置合理的绿色开放空间与适度集聚的风险缓冲区间、构建多要素—多尺度嵌套的城市安全网络、维持蓝色及蓝色生态屏障区的完整性等内容。

沈阳市在经济快速发展、城市蔓延扩张的同时，也面临高温热浪、大气污染、雨洪内涝、生境退化等安全发展问题。为构建安全导向下的沈阳市城市景观格局，本书从城市人口布局及生产生活优化、开放空间布局、有机廊道构建、生态基底保育和规划管理落实五个方面提出具体建议与优化策略。

第七章
结论与讨论

　　面对日益复杂的自然及人为干扰要素，大城市的脆弱性及敏感性愈发凸显，安全发展问题成为区域可持续发展的重要议题。安全环境构建逐步得到社会的广泛关注，成为学术界研究的热点问题之一。与传统灾害管理、工程管理不同的是，地理学更加注重安全问题背后的动态过程及要素机理的深入挖掘。景观生态学视角的安全问题分析凸显了冗余与前瞻性思想，为城市安全环境构建提供新的思路与框架。本书在系统梳理安全性概念的基础上借鉴韧性思维初步构建了城市安全性动态分析框架；从景观格局视角探讨了城市要素运动与安全发展间的内在机理，提出城市安全发展环境优化的普适性策略，得到以下结论及思考。

一、主要结论

（一）空间拓展模式与城市安全发展环境紧密相关

　　城市空间拓展模式是城市要素在地域空间上的映射，也是人类活动强度在城市系统内的综合反映。不同的发展模式对城市安全环境水平影响存在明显差异性，内部填充式发展加剧了人口在城市中心的集聚，建设用地填充进一步缩减了城市内部开放空间面积，加剧了城市内部人为扰动要素的滋生概率及外部自然冲击下的避灾难度，城市安全水平逐步下降。外围蔓延式拓展则容易产生避灾通道、基础设施建设发展相对滞后、城市热环境加重、风险缓冲空间及绿色景观压缩等问题，安全发展环境在拓展地带趋于恶化。相对于前两种模式而言，组团拓展式格局是大城市安全环境构建相对较好的组织模式，其规模等级性有助于增强城市系统的自我组织能力，使城市能够及时适应变化，实现城市风险的层级分担、城市人口与产业的分流，以维持城市整体发展环境处于相对安全水平。通过对城市建设用地扩张与安全发展环境的关系探讨发现，沈阳市城市拓展大致包含了内部填充、外围蔓延与组团拓展等模式，综合安全水平则显示出单中心圈层拓展、多中心组团发展、多中心蔓延扩张等发展阶段与格局，城市空间拓展模式与安全水平呈现典型相关性。为此，在城市安全环境构建中，城市的空间发展应依据规模、密度、形态、功能、区位、自然要素特征选取合理的发展模式，多中心组团式应是众多大城市安全发展的基础。

（二）自然要素与人类活动强度协同影响城市安全发展格局

自然要素基本塑造了城市综合安全的初始格局，人类活动则对安全发展水平的变化起主导作用，景观格局可为城市安全环境优化提供调控手段。在城市安全发展环境中，自然要素影响是基础，人类活动作用是主导而景观格局是途径与手段。与大多数社会经济现象一样，城市安全整体格局受地形、区位、气候等影响，如地势平坦、海拔相对较低地区，城市规模与密度（人口、建筑、经济等要素）处于较高水平，集聚程度整体较高，而地势低平地区则容易发生气象灾害、自身压力剧增等问题，这一现象在我国东部大城市相对普遍。人类活动过程通过物质、资源、能量"流"体交换对城市安全环境产生影响，人类活动强度较大地区往往对自然环境的改造与利用程度越深，对城市安全环境影响则越明显，因此，人类活动在城市安全发展环境构建起到促进或阻碍作用。层出不穷的安全事件和环境问题的本质是人与环境的协调性，众多发展策略均显示景观格局可通过景观格局性质、规模等调控途径实现城市风险与安全环境构建，以趋近城市可持续发展的最佳景观模式，如"海绵城市"、城市更新等。通过案例城市研究发现，以海拔 60 米以下区域为主形成安全低水平的集聚发展区，较小的相对高程不足以成为制约城市扩张与城市风险增长的主要因素。沈阳市城市安全水平与人类活动强度呈负相关关系，耕地与建设用地是影响沈阳市城市安全的两类景观要素，耕地景观破碎化程度提升是导致曲线变化安全水平下降的重要因素，建设用地连片发展区应布置 20% 以上比例的绿色或蓝色景观以实现风险的有效缓解，达到维持景观类型多样性的目的。

（三）规模及密度的交互作用在安全发展环境中处于主导地位

城市规模的快速增长大大加剧了城市对资源的消耗，生态足迹持续提升，大城市均面临着生态赤字式发展问题，可持续发展潜力不足。"重速度、轻质量"的粗放式拓展模式，城市内部地表不透水面面积持续收缩、生态本底遭受破坏，城市热岛、内涝等灾害性事件频发。在人口、产业的快速涌入与基础设施建设的滞后发展，城市人地系统间等多重关系逐步趋于尖锐背景下，交通拥堵加剧、空气质量下降、社会犯罪上升、生态环境恶化等城市问题凸显。同时，人口、经济、活动强度等要素的高密度是城市文明发展的外在表现特征，在要素高度集中的城市地区，自身人为干扰程度更深。例如，人口的高度聚集易导致犯罪、恐怖袭击事件的滋生；在城市动态发展过程中，高度集聚的人口、经济及社会要素活动加大了地域内的空间、物质能量需求，而城市自然空间逐步收缩与自然资源消耗强度的提升使得城市生态系统功能的平衡性降低、城市自身的风险干扰机会显著增长，从而影响城市安全环境构建。规模与密度在沈阳市城市安全发展环境中均处于主导作用，二者的交互作用则进一步加强了其对安全的影响力。大城市安全环境构建中应防止城市建设用地规模的持续扩张，尤其是对生态系统的侵占，为此应推动城市人口规模的合理布局，适当降低中心城区人口密度和建筑密度、倡导低碳绿色的生产生活方式，维持城市生态足迹消耗处于生态承载力范围之内，从而实现城市总体处于相对安全的发展状态。

（四）适度的功能疏散有利于城市内部安全环境水平的提升

城市的多功能性及功能多样性是风险分散在地域空间内的第一层级，过于集聚的城市功能使地区内更易滋生众多潜在风险，单一功能区内部物质流动、信息传递、能量传输能力远弱于功能多样性地区。因此，无论是内部生态系统服务还是社会经济发展，城市的多功能性及有机疏散可以分担风险扰动的冲击、降低某类灾害在城市内部发生的频率、提升城市安全水平。城市经济、商业等功能布局应避开重大危险源等高风险区，重点功能区（重大危险源）周边则设置一定宽度的隔离带或防护带，配置相应的防灾工程设施、应急保障基础设施和应急服务设施。低强度功能区应在功能一定集聚基础上实现多样化分布，如商服中心与居住、居住与绿地、居住与公共管理等功能的相对混杂，实现城市运转效率的最大化。

（五）多中心组团应成为众多大城市安全环境构建与优化的基础框架

多中心性通过提高城市系统的现代化来促进城市安全性，多中心之间强有力的内部联系和连接。每个中心具有相对较强的独立性，同时在系统中的各个模块之间保持一定程度的相互依赖性。这种高度的独立性保护各个中心免受高度连通性可能产生的不利影响，各中心之间的松散连接使系统内资源的可控流动成为可能。多中心性还可以提高系统冗余度，通过分散潜在的风险并将其分布在次中心，增强城市的安全性，有助于避免在人员和资源高度集中于有限空间的情况下可能发生的重大损害。

我国大城市具有高密度、高强度、高度敏感和脆弱等特征，空间发展多以组团式为主，这一模式也是安全环境构建及优化的基础，组团的规模等级对增强城市系统的自我组织能力、及时适应能力均具有重要意义。在安全导向下，多中心组团可在一定程度上控制城市建成区的无序蔓延，有利于构建山—水—田—城相互协调的城市共生体，提升城市系统的运行效率。组团间的开放空间或绿地空间是缓解城市自身累积性压力、提供城市生态系统服务价值实现城市潜力恢复与提升的有效途径，也是急性冲击下实现人口快速疏散和隔离的重要场所。从城市管理和社会效应来看，多中心组团有利于推动人口、产业等社会经济要素在地域内的合理配置，减少社会矛盾、防止新型灾害的发生，也有利于因地制宜地制定防灾策略，实现风险在城市空间内的逐级分担。在这一组织模式的大城市中，多尺度的避灾廊道与生态廊道、体系化和等级化的组团规模、柔性布局的城市功能应是安全环境优化的重点内容。

二、研究特色与创新

（一）基于城市安全性概念构建了综合评估体系及动态分析框架，为不同地域内的城市安全状况的认知提供定量分析方法

暴露、潜力、连通三重属性的交互作用共同驱动着城市安全环境的动态发展，为此，本书在厘清安全性概念的基础上兼顾安全的空间异质性与空间相互关系，从要素运动及景观格局过程双重视角构建了风险—连通—潜力城市安全的三维评估体系。安全作为城市系统环境的重要组成部分，动态性是其基本属性之一，在借鉴适应性循环理论基础上将安全综合评估体系进一步嵌套至适应性循环周期模型中，形成安全评估的时空动态分析框架与模型，为不同地域内的城市安全状况分析提供定量分析手段，对认知其阶段特征、实施差异化优化策略均具有重要意义。

（二）基于网格尺度探讨了规模—密度—形态—功能对城市安全影响的异质性与方向性，为城市安全环境的优化提供可调控途径

规模、密度、形态及功能在城市内部存在显著的空间异质性特征，对城市安全水平的影响也存在差异性和方向性。本书基于景观格局视角构建了规模、密度、形态、功能等模型并对影响作用进行时空尺度分析，提炼了各类要素对沈阳市城市安全的影响模型。从景观格局视角构建城市安全性影响要素，对影响要素的异质性和方向性的重点探讨有利于识别城市安全环境的主导要素及优化过程中的调控要素，也更贴近城市规划的规模控制、空间布局、产业转型等现实发展问题。

（三）基于机理研究及国内外经验总结归纳了多中心组团型的大城市最佳景观模型与优化策略，为城市安全环境构建提供基础框架

从城市要素运动及安全发展水平内在机理出发，充分借鉴国内外城市安全环境调控经验基础上归纳演绎了我国大城市安全发展的最优景观模型。多中心组团式结构应成为大城市安全环境构建的基础，基于景观格局的构建策略与内容更具冗余性和系统性、尺度性与多样性思维，不仅丰富了城市安全研究与应用的理论模型，也为我国大城市管理与安全环境优化提供学习与适应思维，为城市安全环境构建提供可行性手段与途径。

三、研究不足与展望

本书以大城市安全问题为切入点，从景观格局视角探讨城市动态过程

与安全发展环境之间的内在机理，为城市安全环境构建提供前瞻性、可控性的要素调控策略。多中心组团型的大城市以最优景观模型的归纳演绎为指导为安全导向下的城市规划提供新颖的规划思路与分析框架。作为一个相对全面、系统性的尝试性研究，本书存在以下不足：

首先，从自然及人类干扰双重视角选取了现阶段对大城市安全发展影响较深、具一定代表意义的城市扰动要素。虽顾及要素选取视角的全面性与扰动要素的普遍性，但大城市受经济发展、产业结构、地理区位等影响具有地域性特征，不同城市所面临的主要城市风险存在差异性。同时，城市的动态发展过程决定了城市安全发展环境具有演化特征，不同时期城市安全发展的主导干扰要素存在明显差别，尤其是分析长时间序列下的城市综合安全状况。基于特定历史背景与地理环境考察城市扰动要素的状况有助于相对精确、全面地反映综合安全环境。

其次，城市安全是一个综合性研究课题，从城市物质要素内容及景观格局视角进行城市安全的综合评价在一定程度上拓展了城市安全研究的研究视角与分析框架，在基于安全评估的城市安全环境优化与调整更加注重了前瞻、冗余、尺度思想。但需要说明的是，城市是一个多元综合系统，其安全环境内容十分广泛，不仅包括社会、经济、人口、生态等实体层面，也包含了信息安全、网络安全等虚拟层面，在城市扰动不断变化的背景下，城市安全的影响更加广泛，安全含义更加综合。基于景观格局视角对城市实体要素层面进行综合安全评价及机理探讨对城市安全环境构建具有规划启示意义，但安全含义的相对性和综合性也值得广泛关注与深入研究。

最后，由于获取城市扰动要素的历史数据难度较大，在城市综合安全评价过程中内涝点、雾霾数据等部分年份数据通过数理定量方法模拟得到，虽模型拟合度整体达到85%以上，但基于更精确的现实数据，城市综合安全演化的认知则相对全面与准确。同时，虽从市区、中心城区、环线、1千米网格等尺度层面进行要素运动、综合安全评估及安全机理探讨等实证分析，但针对突破行政要素的网格尺度而言，1千米虽能全面反映城市内部异质性特征，也同时受景观格局的尺度效应影响，不同尺度的实证分析结果会存在一定差异性，利用多元网格尺度分析或许能得到更加多元、丰富的结论，对于城市内部不同地域的规划启示也相对充足。

参考文献

[1] Angel S, Parent J, Civco D L, et al. The dimensions of global urban expansion: Estimates and projections for all countries, 2000 – 2050 [J]. Progress in Planning, 2011, 75 (2): 53 – 107.

[2] Angel S, Sheppard S, Civco D L, et al. The dynamics of global urban expansion [R]. Washington, DC: World Bank, Transport and Urban Development Department, 2005.

[3] Armson D, Stringer P, Ennos A R. The effect of street trees and amenity grass on urban surface water runoff in Manchester, UK [J]. Urban Forestry & Urban Greening, 2013 (12): 282 – 286.

[4] Barredo J I, Kasanko M, McCormick N, et al. Modelling dynamic spatial processes: Simulation of urban future scenarios through cellular automata [J]. Landscape and Urban Planning, 2003, 64 (3): 145 – 160.

[5] Baudry J. Effects of landscape structure on biological communities: The case of hedgerow network landscapes [C] //Methodology in landscape ecological research and planning: Proceedings, 1st seminar, International Association of Landscape Ecology, Roskilde, Denmark, Oct. 15 – 19, 1984/eds. J. Brandt, P. Agger. Roskilde, Denmark: Roskilde University Centre, 1984.

[6] Bautista S, Mayor A G, Bourakhouadar J, et al. Plant spatial pattern predicts hillslope runoff and erosion in a semiarid mediterranean landscape [J]. Ecosystems, 2007, 10 (6): 987 – 998.

[7] Broadhurst R G. Crime trends in Hong Kong: Another look at the safe city [C] //Crime and its Control in PR China: Proceedings of the Annual Symposium 2000 – 2002. Centre for Crimnology, University of Hong Kong, 2004: 133 – 149.

[8] Brokaw N V L, Pickett S T A, White P S. The ecology of natural disturbance and patch dynamics [J]. The Ecology of Natural Disturbance and Patch Dynamics, 1985.

[9] Buyantuyev A, Wu J. Urban heat islands and landscape heterogeneity: Linking spatiotemporal variations in surface temperatures to land – cover and socioeconomic patterns [J]. Landscape Ecology, 2010, 25 (1): 17 – 33.

[10] Chakraborty S, Kumar S, Subramaniam M. Safe city: Analysis of services for gender – based violence in Bengaluru, India [J]. International Sociology, 2017, 32 (3): 299 – 322.

[11] Cohen P, Potchter O, Schnell I. The impact of an urban park on air pollution and noise levels in the mediterranean city of Tel – Aviv, Israel [J]. Environmental Pollution, 2014, 195: 73 – 83.

[12] Connors J P, Galletti C S, Chow W T L. Landscape configuration and urban heat island effects: Assessing the relationship between landscape characteristics and land surface temperature in Phoenix, Arizona [J]. Landscape Ecology, 2013, 28 (2): 271 – 283.

[13] Coumarelos C. An evaluation of the safe city strategy in central Sydney [R]. NSW Bureau of Crime Statistics and Research, 2001.

[14] Del Mar López T, Aide T M, Thomlinson J R. Urban expansion and the loss of prime agricultural lands in Puerto Rico [J]. Ambio: A Journal of the Human Environment, 2001, 30 (1): 49 – 54.

[15] Deng J S, Wang K, Hong Y, et al. Spatio – temporal dynamics and evolution of land use change and landscape pattern in response to rapid urbanization [J]. Landscape and Urban Planning, 2009, 92 (3): 187 – 198.

［16］ Dieleman F, Wegener M. Compact city and urban sprawl ［J］. Built Environment, 2004, 30 (4): 308 – 323.

［17］ Donnelly R, Marzluff J M. Relative importance of habitat quantity, structure, and spatial pattern to birds in urbanizing environments ［J］. Urban Ecosystems, 2006, 9 (2): 99 – 117.

［18］ Dumbaugh E, Rae R. Safe urban form: Revisiting the relationship between community design and traffic safety ［J］. Journal of the American Planning Association, 2009, 75 (3): 309 – 329.

［19］ Ellis T W, Leguédois S, Hairsine P B, et al. Capture of overland flow by a tree belt on a pastured hillslope in south – eastern Australia ［J］. Australian Journal of Soil Research, 2006 (44): 117 – 125.

［20］ Escobedo F J, Nowak D J, Wagner J E, et al. The socio – economics and management of Santiagode Chile's public urban forests ［J］. Urban Forest, 2006, 4 (3): 105 – 114.

［21］ Escobedo F J, Wager J E, Nowak D J, et al. Analyzing the cost – effectiveness of Santiago de Chile's policy of using urban forests to improve air quality ［J］. Environmental Management, 2008, 86 (1): 148 – 158.

［22］ Fagan J, Geller A, Davies G, et al. Street stops and broken windows revisited: The demography and logic of proactive policing in a safe and changing city ［R］. 2009.

［23］ Fazal S. Urban expansion and loss of agricultural land – a GIS based study of Saharanpur City, India ［J］. Environment and Urbanization, 2000, 12 (2): 133 – 149.

［24］ Forman R T T, Godran M. Landscape Ecology ［J］. Chichester, 1986.

［25］ Fu B J. The spatial pattern analysis of agricultural landscape in the loess area ［J］. Acta Ecologica Sinica, 1995 (2).

［26］ Gardner R H, Milne B T, Turnei M G, et al. Neutral models for the analysis of broad – scale landscape pattern ［J］. Landscape Ecology, 1987, 1 (1): 19 – 28.

［27］ Geng Y, Zhang Y M, Chen X D, Xue B, Tsuyoshi Fujita, Dong H J. Urban ecological footprint analysis: A comparative study between Shenyang in China and Kawasaki in Japan ［J］. Journal of Cleaner Production, 2014 (75).

［28］ Gill S E, Handley J F, Ennos A R, et al. Adapting cities for climate change: The role of the green infrastructure ［J］. Built Environment, 2007, 33 (1): 115 – 133.

［29］ Goward S N. Thermal behavior of urban landscapes and the urban heat island ［J］. Physical Geography, 1981, 2 (1): 19 – 33.

［30］ Gunderson L H, Holling C S. Panarchy: Understanding transformations in human and natural systems ［M］. Washington, DC: Island Press, 2002.

［31］ He Chunyang, Norio Okada, Zhang Qiaofeng. Modeling urban expansion scenarios by coupling cellular automata model and system dynamic model in Beijing, China ［J］. Applied Geography, 2006 (26): 323 – 345.

［32］ Holling C S. Engineering resilience versus ecological resilience ［M］. Engineering within Ecological Constraints. National Academies Press, 1996.

［33］ Hulshoff R M. Landscape indices describing a Dutch landscape ［J］. Landscape Ecology, 1995, 10 (2): 101 – 111.

［34］ Inkiläinen E N M, Mc Hale M R, Blank G B, et al. The role of the residential urban forest in regulating throughfall: A case study in Raleigh, North Carolina, USA ［J］. Landscape and Urban Planning, 2013 (119): 91 – 103.

［35］ Ishikawa M. Landscape planning for a safe city ［J］. Annals of Geophysics, 2002, 45 (6).

［36］ Johnson C J, Boyce M S, Mulders R, et al. Quantifying patch distribution at multiple spatial scales: Applications to wildlife – habitat models ［J］. Landscape Ecology, 2004, 19 (8): 869 – 882.

［37］ King A W. Translating models across scales in the landscape ［J］. Quantitative Methods in Landscape Ecology： The Analysis and Interpretation of Landscape Heterogeneity, 1991, 82: 479.

［38］ Krummel J R, Gardner R H, Sugihara G, et al. Landscape patterns in a disturbed environment ［J］. Oikos, 1987 (1): 321 – 324.

［39］ Luck M, Wu J. A gradient analysis of urban landscape pattern: A case study from the phoenix metropolitan region, Arizona, USA ［J］. Landscape Ecology, 2002, 17 (4): 327 – 339.

［40］ Luo W, Jasiewicz J, Stepinski T, et al. Spatial association between dissection density and environmental factors over the entire conterminous United States ［J］. Geophysical Research Letters, 2016, 43 (2): 692 – 700.

［41］ Maimaitiyiming M, Ghulam A, Tiyip T, et al. Effects of green space spatial pattern on land surface temperature: Implications for sustainable urban planning and climate change adaptation ［J］. ISPRS Journal of Photogrammetry and Remote Sensing, 2014 (89): 59 – 66.

［42］ Mentens J, Raes D, Hermy M. Green roofs as a tool for solving the rainwater runoff problem in the urbanized 21st century ［J］. Landscape and Urban Planning, 2006 (77): 217 – 226.

［43］ Merriam G. Connectivity: A fundamental ecological characteristic of landscape pattern ［C］ //Methodology in landscape ecological research and planning: Proceedings, 1st seminar, International Association of Landscape Ecology, Roskilde, Denmark, Oct. 15 – 19, 1984/eds. J. Brandt, P. Agger. Roskilde, Denmark: Roskilde University Centre, 1984.

［44］ Mundia C N, Aniya M. Analysis of land use/cover changes and urban expansion of nairobi city using remote sensing and GIS ［J］. International Journal of Remote Sensing, 2005, 26 (13): 2831 – 2849.

［45］ Nagendra H, Munroe D K, Southworth J. From pattern to process: Landscape fragmentation and the analysis of land use/land cover change ［J］.

Agriculture, Ecosystems & Environment, 2004, 101 (2): 111 – 115.

[46] Nelson E, Mendoza G, Regetz J, et al. Modeling multiple ecosystem services, biodiversity conservation, commodity production, and tradeoffs at landscape scales [J]. Frontiers in Ecology and the Environment, 2009, 7 (1): 4 – 11.

[47] Nowak D J, Crane D E, Stevens J C. Air pollution removal by urban trees and shrubs in the United States [J]. Urban Forest Urban Green, 2006, 4 (3): 115 – 123.

[48] Ou J, Liu X, Li X, et al. Quantifying spatiotemporal dynamics of urban growth modes in metropolitan cities of China: Beijing, Shanghai, Tianjin, and Guangzhou [J]. Journal of Urban Planning and Development, 2016, 143 (1).

[49] Sarrat C, Lemonsu A, Masson V, et al. Impact of urban heat island on regional atmospheric pollution [J]. Atmospheric Environment, 2006, 40 (10): 1743 – 1758.

[50] Schröder B, Seppelt R. Analysis of pattern – process interactions based on landscape models – overview, general concepts, and methodological issues [J]. Ecological Modelling, 2006, 199 (4): 505 – 516.

[51] Seto K C, Fragkias M, Güneralp B, et al. A meta – analysis of global urban land expansion [J]. PloS one, 2011, 6 (8).

[52] Sharifi A, Yamagata Y. Major principles and criteria for development of an urban resilience assessment index [C] //2014 International Conference and Utility Exhibition on Green Energy for Sustainable Development (ICUE). IEEE, 2014: 1 – 5.

[53] Solon J. Spatial context of urbanization: Landscape pattern and changes between 1950 and 1990 in the Warsaw metropolitan area, Poland [J]. Landscape and Urban Planning, 2009, 93 (3): 250 – 261.

[54] Squires G D. Urban sprawl: Causes, consequences, & policy re-

sponses ［M］. The Urban Insitute, 2002.

［55］Sudhira H S, Ramachandra T V, Jagadish K S. Urban sprawl: Metrics, dynamics and modelling using GIS ［J］. International Journal of Applied Earth Observation and Geoinformation, 2004, 5 (1): 29 – 39.

［56］Tang U W, Wang Z S. Influences of urban forms on traffic – induced noise and air pollution: Results from a modelling system ［J］. Environmental Modelling & Software, 2007, 22 (12): 1750 – 1764.

［57］van den Berg L. The safe city: Safety and urban development in European cities ［M］. Ashgate Publishing, Ltd. , 2006.

［58］Wang X S, Liu J Y, Zhuang D F, et al. Spatial – temporal changes of urban spatial morphology in China ［J］. Acta Geographica Sinica, 2005, 60 (3): 392 – 400.

［59］Weber N, Haase D, Franck U. Assessing modelled outdoor traffic – induced noise and air pollution around urban structures using the concept of landscape metrics ［J］. Landscape and Urban Planning, 2014, 125 (6): 105 – 116.

［60］Wekerle G R, Whitzman C. Safe cities: Guidelines for planning, design, and management ［M］. Van Nostrand Reinhold Company, 1995.

［61］Weng Y C. Spatiotemporal changes of landscape pattern in response to urbanization ［J］. Landscape and Urban Planning, 2007, 81 (4): 341 – 353.

［62］Wheater H, Evans E. Land use, water management and future flood risk ［J］. Land Use Policy, 2009 (26): S251 – S264.

［63］Xu Z Y, Blot W J, Xiao H P, et al. Smoking, air pollution, and the high rates of lung cancer in Shenyang, China ［J］. J. Natl. Cancer Inst. , 1989 (81): 1800 – 1806.

［64］Xu Z Y, Brown L, Pan G W, et al. Lifestyle, environmental pollution and lung cancer in cities of Liaoning in northeastern China ［J］. Lung Cancer, 1996, 14 (1): S149 – S160.

［65］Yang J, Myers M. Study of stormwater runoff reduction by greening vacant lots in North Philadephia ［C］. Proceeding of 2007 Pennsylvania Stormwater Management Symposium. Philadelphia, Pennsylvania, 2007.

［66］Yu X J, Ng C N. Spatial and temporal dynamics of urban sprawl along two urban – rural transects: A case study of Guangzhou, China ［J］. Landscape and Urban Planning, 2007, 79 (1): 96 – 109.

［67］Zhang B, Xie G D, Zhang C Q, et al. The economic benefits of rainwater – runoff reduction by urban green spaces: A case study in Beijing, China ［J］. Journal of Environmental Management, 2012 (100): 65 – 71.

［68］Zhang T. Community features and urban sprawl: The case of the Chicago metropolitan region ［J］. Land Use Policy, 2001, 18 (3): 221 – 232.

［69］Zhou W, Huang G, Cadenasso M L. Does spatial configuration matter? Understanding the effects of land cover pattern on land surface temperature in urban landscapes ［J］. Landscape and Urban Planning, 2011, 102 (1): 54 – 63.

［70］Zhu M, Xu J, Jiang N, et al. Impacts of road corridors on urban landscape pattern: A gradient analysis with changing grain size in Shanghai, China ［J］. Landscape Ecology, 2006, 21 (5): 723 – 734.

［71］Zimring F E. The city that became safe: New York's lessons for urban crime and its control ［M］. Oxford University Press, 2011.

［72］白景锋, 张海军. 中国水—能源—粮食压力时空变动及驱动力分析 ［J］. 地理科学, 2018, 38 (10): 1653 – 1660.

［73］白立敏, 冯兴华, 孙瑞丰, 高嵩. 生境质量对城镇化的时空响应——以长春市为例 ［J］. 应用生态学报, 2020, 31 (4): 1267 – 1277.

［74］曹祺文, 张曦文, 马洪坤, 吴健生. 景观生态风险研究进展及基于生态系统服务的评价框架: ESRISK ［J］. 地理学报, 2018, 73 (5): 843 – 855.

［75］曹玉红, 陈晨, 张大鹏, 刘美云, 董舜舜. 皖江城市带土地利

用变化的生态风险格局演化研究 [J]. 生态学报，2019，39（13）：4773 - 4781.

［76］曹志冬，王劲峰，高一鸽，韩卫国，冯晓磊，曾光. 广州 SARS 流行的空间风险因子与空间相关性特征 [J]. 地理学报，2008（9）：981 - 993.

［77］柴俊勇. "十三五"期间城市公共安全面临的挑战与对策 [C] //上海市社会科学界联合会. 治国理政：新理念·新思想·新战略——上海市社会科学界第十四届学术年会文集（2016 年度）. 上海市社会科学界联合会，2016.

［78］陈鸿，韩青，张翰卿. 安全视角下的城市空间格局演变特征探析 [J]. 上海城市规划，2014（6）：138 - 145.

［79］陈凯，刘凯，柳林，朱远辉. 基于随机森林的元胞自动机城市扩展模拟——以佛山市为例 [J]. 地理科学进展，2015，34（8）：937 - 946.

［80］陈利顶，傅伯杰，徐建英，巩杰. 基于"源—汇"生态过程的景观格局识别方法——景观空间负荷对比指数 [J]. 生态学报，2003（11）：2406 - 2413.

［81］陈利顶，傅伯杰，赵文武. "源""汇"景观理论及其生态学意义 [J]. 生态学报，2006（5）：1444 - 1449.

［82］陈利顶，傅伯杰. 景观连接度的生态学意义及其应用 [J]. 生态学杂志，1996，15（4）：37 - 42.

［83］陈利顶，孙然好，刘海莲. 城市景观格局演变的生态环境效应研究进展 [J]. 生态学报，2013，33（4）：1042 - 1050.

［84］陈睿星，李卫东，栾慕，尹洋洋，冯文，徐向阳. SWMM 模型在城市雨水管网改造中的应用 [J]. 中国农村水利水电，2017（1）：58 - 62.

［85］陈妍，乔飞，江磊. 基于 In VEST 模型的土地利用格局变化对区域尺度生境质量的影响研究——以北京为例 [J]. 北京大学学报（自然

科学版），2016，52（3）：553 – 562.

［86］陈逸敏，黎夏，刘小平，李少英．基于耦合地理模拟优化系统 GeoSOS 的农田保护区预警［J］．地理学报，2010，65（9）：1137 – 1145.

［87］褚琳，张欣然，王天巍，李朝霞，蔡崇法．基于 CA – Markov 和 InVEST 模型的城市景观格局与生境质量时空演变及预测［J］．应用生态学报，2018，29（12）：4106 – 4118.

［88］崔岩岩．城市土地利用变化对空气环境质量影响研究［D］．山东建筑大学，2013.

［89］戴伟，孙一民，韩·梅尔，塔聂尔·库聂考·巴顷．走向韧性规划：基于国际视野的三角洲规划研究［J］．国际城市规划，2018，33（3）：83 – 91.

［90］戴云哲，李江风，杨建新．长沙都市区生境质量对城市扩张的时空响应［J］．地理科学进展，2018，37（10）：1340 – 1351.

［91］邓越，蒋卫国，王文杰，吕金霞，陈坤．城市扩张导致京津冀区域生境质量下降［J］．生态学报，2018，38（12）：4516 – 4525.

［92］丁微．城市用地组合形态与路网结构对道路交通安全的影响研究［D］．东南大学，2018.

［93］丁宇，李贵才，路旭，高梅．空间异质性及绿色空间对大气污染的削减效应——以大珠江三角洲为例［J］．地理科学进展，2011，30（11）：1415 – 1421.

［94］杜谦，范文，李凯，杨德宏，吕佼佼．二元 Logistic 回归和信息量模型在地质灾害分区中的应用［J］．灾害学，2017，32（2）：220 – 226.

［95］樊风雷，王云鹏．基于 CA 的珠三角核心区城市扩张预测研究［J］．计算机工程与应用，2007（36）：202 – 204，245.

［96］冯舒，孙然好，陈利顶．基于土地利用格局变化的北京市生境质量时空演变研究［J］．生态学报，2018，38（12）：4167 – 4179.

［97］冯兴华，修春亮，白立敏，文玉钊．基于公路交通流视角的吉林省城镇中心性及影响因素［J］．经济地理，2019，39（1）：64－72.

［98］冯兴华，修春亮，刘志敏，马丽亚，李晓玲．东北地区城市网络层级演变特征分析——基于铁路客运流视角［J］．地理科学，2018，38（9）：1430－1438.

［99］付刚，白加德，齐月，闫冰，贺婧，肖能文，李俊生．基于 GIS 的北京市生态脆弱性评价［J］．生态与农村环境学报，2018，34（9）：830－839.

［100］付红艳．城市景观格局演变研究现状综述［J］．测绘与空间地理信息，2014，37（4）：73－74，77.

［101］付玲，胡业翠，郑新奇．基于 BP 神经网络的城市增长边界预测——以北京市为例［J］．中国土地科学，2016，30（2）：22－30.

［102］富伟，刘世梁，崔保山，张兆苓．景观生态学中生态连接度研究进展［J］．生态学报，2009，29（11）：6174－6182.

［103］高习伟．上海市应对气候和土地利用变化的城市雨洪安全策略研究［D］．华东师范大学，2016.

［104］葛珂楠．城市热岛效应的研究——以南京市为例［C］//Proceedings of Conference on Environmental Pollution and Public Health，武汉大学，美国科研出版社，2010.

［105］贡璐，吕光辉．绿洲城市热岛效应研究［M］．乌鲁木齐：新疆人民出版社，2011.

［106］辜智慧，徐伟，葛怡，史培军．基于城市用地单元的自然灾害风险评估概念模型［J］．中国安全科学学报，2012，22（4）：110－115.

［107］顾林生，陈志芬，谢映霞．试论中国城市公共安全规划与应急管理体系建设［J］．安全，2007（11）：1－5.

［108］顾林生，张丛，马帅．中国城市公共安全规划编制研究［J］．现代城市研究，2009，24（5）：14－19.

［109］郭汝，刘常胜，赵玉凤．我国小城镇城市安全性评价探讨——

以湖北 A 镇、河南 B 乡和安徽 C 乡为例 [J]. 城市，2018 (5)：35 - 49.

[110] 郭秀锐，杨居荣，毛显强. 城市生态足迹计算与分析——以广州为例 [J]. 地理研究，2003 (5)：654 - 662.

[111] 郭月婷，廖和平，彭征. 中国城市空间拓展研究动态 [J]. 地理科学进展，2009，28 (3)：370 - 375.

[112] 韩效，刘民岷. 基于改进元胞自动机的成都城市扩张仿真模拟 [J]. 四川师范大学学报（自然科学版），2014，37 (6)：923 - 928.

[113] 韩逸，郭熙，江叶枫，饶磊，孙凯，李婕，王澜珂. 南方丘陵区耕地景观生态安全影响因素及其空间差异研究 [J]. 生态学报，2019 (17)：1 - 12.

[114] 胡冬雪，唐立娜，邱全毅，石龙宇，邵国凡. 海峡西岸经济区景观格局 10 年变化及驱动力 [J]. 生态学报，2015，35 (18)：6138 - 6147.

[115] 胡静，陈银蓉. 城市扩张驱动力分析及 GM (1，N) 预测 [J]. 国土资源科技管理，2005 (5)：69 - 72.

[116] 黄良美，黄海霞，项东云，朱积余，李建龙. 南京市四种下垫面气温日变化规律及城市热岛效应 [J]. 生态环境，2007 (5)：1411 - 1420.

[117] 黄瑞. 静风高密度城市屋顶绿化缓解空气污染景观研究 [D]. 西南交通大学，2015.

[118] 黄硕，郭青海. 城市景观格局演变的水环境效应研究综述 [J]. 生态学报，2014，34 (12)：3142 - 3150.

[119] 贾琦，运迎霞，黄焕春. 快速城市化背景下天津市城市景观格局时空动态分析 [J]. 干旱区资源与环境，2012，26 (12)：14 - 21.

[120] 蒋芳，刘盛和，袁弘. 北京城市蔓延的测度与分析 [J]. 地理学报，2007 (6)：649 - 658.

[121] 解伏菊，胡远满，李秀珍. 基于景观生态学的城市开放空间的格局优化 [J]. 重庆建筑大学学报，2006 (6)：5 - 9.

［122］金磊．中国城市安全警告［M］．北京：中国城市出版社，
2004.

［123］金忠民．基于安全城市理念的特大城市防灾规划技术框架[J].
规划师，2011，27（8）：10－13，25.

［124］金忠民．特大城市安全战略的规划导向［J］．上海城市规划，
2013（4）：24－29.

［125］靳之更，王敏．沈阳市2001～2006年生态足迹分析与可持续
发展［J］．环境科学与管理，2008（8）：157－160.

［126］凯文·林奇．城市形态［M］．林庆怡译．北京：华夏出版
社，2001.

［127］凯文·林奇．城市意象［M］．方益萍，何晓军译．北京：华
夏出版社，2001.

［128］莱昂·克里尔．社会建筑［M］．胡凯，胡明译．北京：中国
建筑工业出版社，2011.

［129］李秉毅，张琳．SARS爆发对我国城市规划的启示［J］．城市
规划，2003（7）：71－72.

［130］李俊翰，高明秀．滨州市生态系统服务价值与生态风险时空演
变及其关联性［J］．生态学报，2019（21）：1－14.

［131］李茂．城市灾害事故应急救援力量调配模型研究［D］．西安
科技大学，2008.

［132］李婉亭，孙冬梅，冯平．低影响开发措施（LID）对天津市暴
雨径流影响模拟研究［J］．自然灾害学报，2017，26（3）：156－166.

［133］李小建，李国平，曾刚等．经济地理学（第二版）［M］．北
京：高等教育出版社，2006.

［134］李雪英，孔令龙．当代城市空间拓展机制与规划对策研究
［J］．现代城市研究，2005（1）：35－38.

［135］联合国开发计划署．中国人类发展报告《可持续与宜居城
市——迈向生态文明》［M］．北京：中国对外翻译有限公司，2013.

［136］梁发超，刘浩然，刘诗苑，起晓星，刘黎明．闽南沿海景观生态安全网络空间重构策略——以厦门市集美区为例［J］．经济地理，2018，38（9）：231－239.

［137］廖和平，彭征，洪惠坤，程希．重庆市直辖以来的城市空间扩展与机制［J］．地理研究，2007（6）：1137－1146.

［138］林金煌，胡国建，祁新华，徐曹越，张岸，陈文惠，帅晨，梁春阳．闽三角城市群生态环境脆弱性及其驱动力［J］．生态学报，2018，38（12）：4155－4166.

［139］刘海猛，方创琳，黄解军，朱向东，周艺，王振波，张蔷．京津冀城市群大气污染的时空特征与影响因素解析［J］．地理学报，2018，73（1）：177－191.

［140］刘慧敏，刘绿怡，丁圣彦．人类活动对生态系统服务流的影响［J］．生态学报，2017，37（10）：3232－3242.

［141］刘菁华，李伟峰，周伟奇，韩立建，钱雨果，郑晓欣．京津冀城市群景观格局变化机制与预测［J］．生态学报，2017，37（16）：5324－5333.

［142］刘小平，黎夏，陈逸敏，秦雁，李少英，陈明辉．景观扩张指数及其在城市扩展分析中的应用［J］．地理学报，2009，64（12）：1430－1438.

［143］刘兴权，吴涛，甘喜庆．基于可控邻域作用 CA 的城市扩张研究［J］．国土资源遥感，2011（2）：110－114.

［144］刘亚臣．城市化与中国城镇安全［M］．沈阳：东北大学出版社，2010.

［145］刘焱序，彭建，王仰麟．城市热岛效应与景观格局的关联：从城市规模、景观组分到空间构型［J］．生态学报，2017，37（23）：7769－7780.

［146］陆丽娇，廖荣华等．人文地理学概论［M］．武汉：华中师范大学出版社，1990.

[147] 马世发，高峰，念沛豪．城市扩张经典 CA 模型模拟精度的时空衰减效应——以广州市 2000～2010 年城市扩张为例［J］．现代城市研究，2015（7）：88－93．

[148] 马子惠，马书明，张树深．大连市生态脆弱性评价及其不确定性分析［J］．水土保持通报，2019，39（3）：237－242，262，313－314．

[149] 麦克·占克斯，尼克拉·丹普西．可持续城市的未来形势与设计［M］．韩林飞，王一译．北京：华夏出版社，2001．

[150] 么欣欣，韩春兰，刘洪彬，钱凤魁．基于 RS 与 GIS 的沈阳市土地利用及景观格局变化［J］．水土保持研究，2014，21（2）：158－161，166．

[151] 米尔恩－汤姆森．理论流体动力学［M］．李裕立，晏名文译．北京：机械工业出版社，1984．

[152] 米金套．澳门城市景观格局变化与热岛效应研究［D］．北京林业大学，2010．

[153] 潘竟虎，戴维丽．1990－2010 年中国主要城市空间形态变化特征［J］．经济地理，2015，35（1）：44－52．

[154] 潘竟虎，韩文超．近 20a 中国省会及以上城市空间形态演变［J］．自然资源学报，2013，28（3）：470－480．

[155] 彭建，赵会娟，刘焱序，吴健生．区域生态安全格局构建研究进展与展望［J］．地理研究，2017，36（3）：407－419．

[156] 齐杨，邬建国，李建龙，于洋，彭福利，孙聪．中国东西部中小城市景观格局及其驱动力［J］．生态学报，2013，33（1）：275－285．

[157] 全国 62% 城市内涝，城市管理者急功近利？［EB/OL］．http：// gz. house. 163. com/special/gz_ nl/．

[158] 任启龙，王利，韩增林，徐晓勇，赵东霞．基于城市年轮模型的城市扩展研究——以沈阳市为例［J］．地理研究，2017，36（7）：1364－1376．

［159］邵天一，周志翔，王鹏程，唐万鹏，刘学全，胡兴宜．宜昌城区绿地景观格局与大气污染的关系［J］．应用生态学报，2004（4）：691－696.

［160］沈国明．城市安全学［M］．上海：华东师范大学出版社，2008.

［161］石婷婷．从综合防灾到韧性城市：新常态下上海城市安全的战略构想［J］．上海城市规划，2016（1）：13－18.

［162］史培军．从应对巨灾看国家综合防灾减灾能力建设［J］．中国减灾，2012（11）：12－14.

［163］宋长青，冷疏影．21 世纪中国地理学综合研究的主要领域［J］．地理学报，2005（4）：546－552.

［164］宋城城，李梦雅，王军，许世远，陈振楼．基于复合情景的上海台风风暴潮灾害危险性模拟及其空间应对［J］．地理科学进展，2014，33（12）：1692－1703.

［165］宋英华．基于经济性边际效应的城市安全风险评估体系［J］．武汉理工大学学报，2007（4）：144－147.

［166］隋雪艳，吴巍，周生路，汪婧，李志．都市新区住宅地价空间异质性驱动因素研究——基于空间扩展模型和 GWR 模型的对比［J］．地理科学，2015，35（6）：683－689.

［167］孙华丽，项美康，薛耀锋．超大城市公共安全风险评估、归因与防范［J］．中国安全生产科学技术，2018，14（8）：74－79.

［168］孙彤彤，杨可明，王晓峰，张伟，程龙．劈窗和单窗算法对泰安市热岛效应分析的适宜性研究［J］．测绘与空间地理信息，2017，40（10）：60－63，69.

［169］唐进群，刘冬梅，贾建中．城市安全与我国城市绿地规划建设［J］．中国园林，2008（9）：1－4.

［170］王安周，张桂宾，耿秀丽.1988～2002 年郑州市景观格局演变分析［J］．水土保持研究，2010，17（2）：190－194.

［171］王成新，梅青，姚士谋，朱振国．交通模式对城市空间形态影响的实证分析——以南京都市圈城市为例［J］．地理与地理信息科学，2004（3）：74－77．

［172］王芳，谢小平，陈芝聪．太湖流域景观空间格局动态演变［J］．应用生态学报，2017，28（11）：3720－3730．

［173］王芳，赵林度，虞汉华．基于安全投入产出模型的城市安全资源优化策略［J］．中国安全科学学报，2005（3）：21－25．

［174］王格芳，王成新，刘登娥．城市空间扩展的交通脉动规律研究——以济南市为例［J］．地理与地理信息科学，2009，25（2）：67－70．

［175］王冠岚，薛建军，张建忠．2014年京津冀空气污染时空分布特征及主要成因分析［J］．气象与环境科学，2016，39（1）：34－42．

［176］王海军，夏畅，张安琪，刘耀林，贺三维．基于空间句法的扩张强度指数及其在城镇扩展分析中的应用［J］．地理学报，2016，71（8）：1302－1314．

［177］王慧芳，周恺．2003～2013年中国城市形态研究评述［J］．地理科学进展，2014，33（5）：689－701．

［178］王嘉仪，赵连军，张华，牛文丽．基于SWMM模型的城市排水管道优化研究［J］．中国农村水利水电，2017（4）：41－44．

［179］王峤．高密度环境下的城市中心区防灾规划研究［D］．天津大学，2013．

［180］王劲峰，徐成东．地理探测器：原理与展望［J］．地理学报，2017，72（1）：116－134．

［181］王绮．"规模—密度—形态—功能"四位一体的城市安全问题研究［D］．东北师范大学，2016．

［182］王野乔，龚健雅，夏军等．鄱阳湖生态安全及其调控［M］．北京：科学出版社，2016．

［183］韦庚男，齐康．以克理尔城市形态理论解读中国新城镇发展

［J］．建筑与文化，2016（7）：101－103．

［184］邬建国．景观生态学——格局、过程、尺度与等级［M］．北京：高等教育出版社，2007．

［185］吴昌广，周志翔，王鹏程，肖文发，滕明君．景观连接度的概念、度量及其应用［J］．生态学报，2010，30（7）：1903－1910．

［186］吴浩田，翟国方．韧性城市规划理论与方法及其在我国的应用——以合肥市市政设施韧性提升规划为例［J］．上海城市规划，2016（1）：19－25．

［187］吴健生，张朴华．城市景观格局对城市内涝的影响研究——以深圳市为例［J］．地理学报，2017，72（3）：444－456．

［188］吴晓伟，陈国平，曹绍武．基于信息熵与分形维数的滇中城市群多尺度土地利用结构演变分析［J］．地矿测绘，2018，34（2）：4－8，12．

［189］武辉芹．石家庄热岛效应与夏季高温的关系及发展趋势［C］//中国气象学会气候变化委员会，国家气候中心．第26届中国气象学会年会气候变化分会场论文集，中国气象学会，2009．

［190］谢启姣，刘进华，胡道华．武汉城市扩张对热场时空演变的影响［J］．地理研究，2016，35（7）：1259－1272．

［191］谢舞丹，吴健生．土地利用与景观格局对PM2.5浓度的影响——以深圳市为例［J］．北京大学学报（自然科学版），2017，53（1）：160－170．

［192］修春亮，魏冶，王绮．基于"规模—密度—形态"的大连市城市韧性评估［J］．地理学报，2018，73（12）：2315－2328．

［193］修春亮，祝翔凌．针对突发灾害：大城市的人居安全及其政策［J］．人文地理，2003（5）：26－30．

［194］徐伟，王静爱，史培军，周俊华．中国城市地震灾害危险度评价［J］．自然灾害学报，2004（1）：9－15．

［195］徐羽，钟业喜，冯兴华，徐丽婷，郑林．鄱阳湖流域土地利用

生态风险格局［J］．生态学报，2016，36（23）：7850－7857.

［196］许凯，余添添，孙姣姣，袁兆祥，秦昆．顾及尺度效应的多源遥感数据"源""汇"景观的大气霾效应［J］．环境科学，2017（12）：4905－4912.

［197］荀斌，于德永，王雪，刘宇鹏，郝蕊芳，孙云．深圳城市扩展模式的时空演变格局及驱动力分析［J］．生态科学，2014，33（3）：545－552.

［198］杨俊，鲍雅君，金翠，李雪铭，李永化．大连城市绿地可达性对房价影响的差异性分析［J］．地理科学，2018，38（12）：1952－1960.

［199］杨俊宴．城市中心热环境与空间形态耦合机理及优化设计［M］．南京：东南大学出版社，2016.

［200］杨青生，黎夏．珠三角中心镇城市化对区域城市空间结构的影响——基于 CA 的模拟和分析［J］．人文地理，2007（2）：87－91.

［201］杨荣南，张雪莲．城市空间扩展的动力机制与模式研究［J］．地域研究与开发，1997（2）：2－5，22.

［202］杨鑫，傅凡．交通影响下的中国特大城市景观格局研究——以北京为例［J］．城市发展研究，2015，22（7）：58－63.

［203］姚圣，陈锦棠，田银生．康泽恩城市形态区域化理论在中国应用的困境及破解［J］．城市发展研究，2013，20（3）：1－4.

［204］殷学文．城市绿地景观格局对雨洪调蓄功能的影响［C］// 中国城市规划学会．城乡治理与规划改革——2014 中国城市规划年会论文集（01 城市安全与防灾规划）．中国城市规划学会，2014.

［205］于冠一，修春亮．辽宁省城市化进程对雾霾污染的影响和溢出效应［J］．经济地理，2018，38（4）：100－108，122.

［206］于亚滨，张毅．城市公共安全规划体系构建探讨——以哈尔滨市城市公共安全规划为例［J］．规划师，2010，26（11）：49－54.

［207］余晓新，牛健植，关文彬等．景观生态学［M］．北京：高等教育出版社，2016.

［208］袁毛宁，刘焱序，王曼，田璐，彭建．基于"活力—组织力—恢复力—贡献力"框架的广州市生态系统健康评估［J］．生态学杂志，2019，38（4）：1249－1257.

［209］袁艺，史培军，刘颖慧，邹铭．土地利用变化对城市洪涝灾害的影响［J］．自然灾害学报，2003（3）：6－13.

［210］袁艺，史培军，刘颖慧，邹铭．土地利用变化对城市洪涝灾害的影响［J］．自然灾害学报，2003（3）：6－13.

［211］詹云军，朱捷缘，严岩．基于元胞自动机的城市空间动态模拟［J］．生态学报，2017，37（14）：4864－4872.

［212］张彪，王硕，李娜．北京市六环内绿色空间滞蓄雨水径流功能的变化评估［J］．自然资源学报，2015，30（9）：1461－1471.

［213］张楚，陈吉龙．基于遥感的城市景观热环境效应研究——以重庆市主城区为例［J］．安徽农业科学，2009，37（30）：14865－14868.

［214］张翰卿，安海波．耐灾理念导向的城市空间结构优化方法[J].城乡规划，2017（3）：76－85.

［215］张华如．基于景观生态学的城市绿地空间格局优化——以合肥市为例［J］．现代城市研究，2008（12）：38－43.

［216］张继权，冈田宪夫，多多纳裕一．综合自然灾害风险管理［J］.城市与减灾，2005（2）：2－5.

［217］张继权，冈田宪夫，多多纳裕一．综合自然灾害风险管理——全面整合的模式与中国的战略选择［J］．自然灾害学报，2006（1）：29－37.

［218］张甜，刘焱序，彭建，王仰麟．深圳市景观生态风险多尺度关联分析［J］．生态学杂志，2016，35（9）：2478－2486.

［219］张小飞，李正国，王如松，王仰麟，李锋，熊侠仙．基于功能网络评价的城市生态安全格局研究——以常州市为例［J］．北京大学学报（自然科学版），2009，45（4）：728－736.

［220］张修芳，牛叔文，冯骁，王文蝶．天水城市扩张的时空特征及

动因分析 [J]. 地理研究，2013，32（12）：2312－2323.

[221] 张莹. 基于遥感影像的城市森林对 PM2.5 的影响研究 [D].
东北林业大学，2016.

[222] 张月，张飞，王娟，任岩，Abduwasit Ghulam，陈芸. 近 40 年
艾比湖湿地自然保护区生态干扰度时空动态及景观格局变化 [J]. 生态学
报，2017，37（21）：7082－7097.

[223] 张真，王璐，廖琪，胡小飞，胡月明. 基于 Markov 模型的土
地利用变化预测研究——以广东省顺德区为例 [J]. 广东土地科学，2014，
13（3）：4－8.

[224] 张志云. 论安全城市建设的理念和路径 [J]. 城乡建设，2011
（12）：41－43.

[225] 赵越，罗志军，李雅婷，郭佳滢，赖夏华，宋聚. 赣江上游流
域景观生态风险的时空分异——从生产—生活—生态空间的视角 [J]. 生
态学报，2019，39（13）：4676－4686.

[226] 赵运林，黄璜. 城市安全学 [M]. 长沙：湖南科学技术出版
社，2010.

[227] 钟业喜，徐羽，郑林等. 城镇化下土地利用变化与效应——以
江西省为例 [M]. 北京：科学出版社，2019.

[228] 周东颖，张丽娟，张利，范怀欣，刘栋. 城市景观公园对城市
热岛调控效应分析——以哈尔滨市为例 [J]. 地域研究与开发，2011，30
（3）：73－78.

[229] 周亚飞，刘茂. 化工园区重大事故风险分析 [J]. 防灾减灾
工程学报，2011，31（1）：68－74.

[230] 朱会义，李秀彬. 关于区域土地利用变化指数模型方法的讨论
[J]. 地理学报，2003（5）：643－650.

[231] 朱柳燕. 城市景观结构对城市 PM2.5 时空变异的影响 [D].
南京信息工程大学，2016.

[232] 朱宁，任云英，高琦. 城市形态研究综述 [J]. 华中建筑，

2016，34（1）：42－45.

［233］祝昊冉，冯健. 经济欠发达地区中心城市空间拓展分析——以南充市为例［J］. 地理研究，2010，29（1）：43－56.

［234］邹德慈. 城市安全：挑战与对策［J］. 城市规划，2008（11）：19－20.